Посвящаю эту книгу моим родителям
Зулфи и Руттон Бхармал

THE ART OF PHYSICS

EIGHT ELEGANT IDEAS TO MAKE SENSE OF ALMOST EVERYTHING

Zahaan Bharmal

ITHAKA

ЗАХАН БХАРМАЛ

ИСКУССТВО ФИЗИКИ

Как наука объясняет хаос, противоречия и непредсказуемость нашей жизни

Перевод с английского

АЛЬПИНА НОН-ФИКШН

2026

УДК 53(0.062)
ББК 22.3
Б97

Переводчик Мария Талачёва

Научный редактор Алексей Рубцов, доктор физ.-мат. наук, профессор РАН

Редактор Пётр Фаворов

Бхармал З.

Б97 Искусство физики: Как наука объясняет хаос, противоречия и непредсказуемость нашей жизни / Захан Бхармал ; Пер. с англ. — Альпина нон-фикшн, 2026. — 232 с.

ISBN 978-5-00272-087-3

Применяя понятия квантовой механики, термодинамики, космологии и других областей физики, выпускник физического факультета Оксфордского университета, а теперь старший директор по стратегии компании Google Захан Бхармал показывает, как эта наука помогает нам осознавать непредсказуемость Вселенной, воспринимать результаты социологических опросов и смиряться с собственным увольнением.

Почему одни отношения мимолетны, а другие длятся всю жизнь? Почему мы принимаем нерациональные решения? Как все это влияет на изменение климата? Соединяя истории из своей биографии, факты о глобальных процессах, физические рассуждения и тонкий юмор, Бхармал объясняет механику социальных и любых других взаимодействий, в которые вовлечен каждый из нас. От физики общения с собственными детьми до применения теории хаоса в предсказании цивилизационных катастроф — эта книга помогает найти ответы на ключевые вопросы, с которыми в наше время сталкивается всякий человек и все человечество.

УДК 53(0.062)
ББК 22.3

ISBN 978-5-00272-087-3 (твердая обложка)
ISBN 978-5-00272-086-6 (мягкая обложка)
ISBN 978-5-00272-085-9 (EPUB)

Оглавление

Введение

На Всемирном экономическом форуме в Давосе главное — не то, сколько у тебя денег, как ты одеваешься или на каком автомобиле ездишь. Главное — это цвет бейджа. Каждый год мировая элита — гиганты политики, титаны промышленности и горстка светочей культуры — съезжается в этот городок, расположенный в Швейцарских Альпах, чтобы обсудить самые животрепещущие вопросы, стоящие перед планетой. На мероприятия пускают не всех, а статус участника на всю эту неделю определяется именно цветом бейджа. Премьер-министры, президенты и генеральные директора корпораций получают заветные белые бейджи, открывающие практически любую дверь. Затем, в порядке убывания важности, идут оранжевые, зеленые, фиолетовые, синие и красные. Мой бейдж не относился ни к одной из этих категорий.

Мне достался золотой. Он имел такой густой, соблазнительный оттенок, что на мгновение я подумал, что это какой-то секретный цвет для особо важных персон. Но, к сожалению, оказалось, что золотые бейджи находятся в самом низу турнирной таблицы, что это что-то типа давосских «медалей за участие» — такие часто дают моим детям после школьных соревнований. Иногда такие бейджи называют «отельными», поскольку они выдаются обслуживающему персоналу — тем, кому можно зайти в здания отелей, где проводится форум, но дальше холла нельзя сделать буквально ни шагу. Любые попытки пройти глубже, попасть в один из многочисленных роскошных конференц-залов, где проходят важные встречи, — мгновенно пресекаются охраной. И тем не менее, получая свой золотой бейдж снежным воскресным утром в январе 2020 г., я был невероятно возбужден.

На ежегодном Всемирном экономическом форуме скучно не бывает. Но в 2020-м там было особенно интересно. Хотя до объявления по всему миру карантинов из-за пандемии COVID-19 оставалось еще несколько месяцев, вирус уже был выделен и уже вызывал опасения у Всемирной организации здравоохранения. Этот и другие не терпящие отлагательства вопросы, такие как изменение климата, экономическое неравенство и нестабильность демократии, значились среди главных тем для обсуждения.

Мое участие в какой-либо из этих дискуссий не предполагалось. Я приехал туда со своей начальницей, обладательницей белого бейджа. То есть в мои обязанности входило следить за ее расписанием, готовить документы для встреч и сочинять подходящие реплики. Я должен был вовремя и во всеоружии доставлять ее к дверям зала заседаний, которые тут же захлопывались за ней прямо перед моим носом. Конечно, мне хотелось бы войти туда вместе с ней, но у моего положения было одно маленькое преимущество: будучи интровертом, я мог спокойно проводить время наедине с собой. Пока моя начальница присутствовала на совещаниях за закрытыми дверями, я мог посидеть в холле отеля, листая всевозможные разложенные там брошюры. Среди них мне попался и публикуемый самим Всемирным экономическим форумом Доклад о глобальных рисках*.

Каждый год организаторы Давоса готовят этот увесистый отчет, чтобы обрисовать контекст и задать рамки для различных дискуссий на форуме. В нем дается систематическая оценка вероятности и потенциальных последствий самых серьезных неприятностей, с которыми может столкнуться человечество. В докладе за 2020 г. описывались глобальная экономика, подвергающаяся растущему риску стагнации, и изменения климата, более глубокие и быстрые, чем ожидалось, — и все это в период массовых протестов против политической и экономической ситуации по всему миру, а также обеспокоенности граждан усиливающимся неравенством. Короче говоря, веселого в этом чтении было мало. Я чувствовал себя подавленным перед лицом всех этих грандиозных, сложнейших, экзистенциальных проблем, ни одна из которых не имеет очевидного решения. Мне хотелось хоть что-то сделать, хоть как-то помочь, но на фоне блестящих умов, уже собравшихся в Давосе, я знал, что не могу предложить ничего особенного. Ну или почти ничего.

Читая громкие биографии разных делегатов с белыми бейджами, я подметил кое-что интересное. Как и следовало ожидать, подавляющее большинство из них получили высшее образование в таких областях, как экономика, финансы или политические и социальные науки. Были среди них и специалисты в области медицины, наук о Земле и сельского хозяйства. А также художники и производители контента, историки и писатели, даже

---

* *The World Economic Forum 'Global Risks Report 2024'*. [Последняя на момент написания книги редакция] https://www.weforum.org/publications/global-risks-report-2024/. — *Здесь и далее примечания автора, если не указано иное.*

философы и богословы. Но я обратил внимание, что лишь немногие из них так или иначе соприкасались с одной конкретной областью науки. Областью, представляющей собой, возможно, древнейшую и наиболее фундаментальную из всех академических дисциплин. Областью, которая вот уже более двух тысячелетий помогает нам раскрывать саму природу Вселенной. Областью, которую я полюбил еще в детстве и которую затем изучал в университете. Областью, уроки и идеи которой за годы, прошедшие после получения диплома, выручали меня бессчетное число раз. И этой областью была физика.

Какое отношение физика имеет к вопросам, обсуждаемым в Давосе? Да особо никакого, скажете вы. На форуме имеют дело с тем, как все сложно устроено в мире людей и политики. А физика описывает систематизированный мир науки и рациональных умозаключений. Что может быть между ними общего? Тем не менее в последние годы многие люди, гораздо более влиятельные, чем я, приписывали свой успех в далеких от физики сферах именно тому, что они рассуждали как физики. Покойный Чарльз Мангер, например, считал, что он и его партнер-миллиардер Уоррен Баффетт смогли сколотить свое внушительное состояние во многом благодаря физике и ее основательному подходу к решению любых задач. Доминик Каммингс, серый кардинал кампании по выходу Великобритании из ЕС, объяснял в своем блоге эту политическую победу тем, что он нанял в помощники не людей из более традиционных областей, таких как политика, бизнес или экономика, а физиков. Да и Илон Маск, что вполне ожидаемо, неоднократно рассказывал о том, как физика повлияла на его многочисленные начинания, от попыток решить проблему экологичного транспорта до стремления защитить будущее нашего вида, создавая ракеты для полетов на Марс. Для Маска физика в большей мере, чем любая другая дисциплина, основана на рассуждениях из первопринципов, на умении «сводить все к фундаментальным истинам».

И вот, сидя в холле одного из отелей Давоса, я начал задавать себе вопросы, которые в конечном итоге подтолкнули меня к написанию этой книги. Можно ли благодаря физическим концепциям взглянуть на глобальные риски с нового ракурса? Может ли физика предлагать какие-нибудь практические решения? В конце концов, может ли физика спасти мир?

* * *

Физику я полюбил не сразу. Честно признаться, в свои четырнадцать лет, только перейдя в среднюю школу, я ее ненавидел. Причем, по-моему, это чувство было взаимным. Некоторые школьные предметы казались мне трудными, а некоторые — скучными. Физику же я относил и к тем и к другим. Об этом свидетельствовали и мои оценки, так что в конце первой четверти неравнодушный, но павший духом учитель физики без капли иронии сообщил моим родителям, что по его предмету мне «недостает импульса». В физике импульс определяется как масса тела, помноженная на его скорость. Это значит, что я буквально топтался на месте.

По правде говоря, у меня, как и у многих подростков, были иные заботы. Я, тревожный и застенчивый сын иммигрантов из Индии, рос в пригороде на севере Лондона и ходил в престижную частную школу с жесткой конкуренцией между учениками. Друзей у меня было мало, я с большим трудом выстраивал отношения с одноклассниками. То, как добиться популярности, волновало меня куда больше, чем премудрости физики. Мир казался мне неупорядоченным и печальным.

Но когда мне исполнилось пятнадцать, ситуация начала меняться. Родители, которые уже долгое время предпринимали попытки приохотить меня к чтению, купили мне книгу Дугласа Адамса «Путеводитель вольного путешественника по Галактике»* — шедевр юмористической научной фантастики. Я сразу же разглядел себя в Артуре Денте, незадачливом главном герое, оказавшемся игрушкой в руках неподвластных ему и непостижимых для него сил, но сумевшем все же чего-то в жизни добиться. Но больше всего меня привлекла идея, что на «Самый Главный Вопрос Жизни, Вселенной и Вообще»** существует единственный ответ. Меня это не только веселило, но и безумно утешало.

Конечно, я понимал, что все это было метафорой. Адамс шутил, высмеивая поиск единственного окончательного ответа и делая его результат заведомо нелепым. Как знает почти каждый, ответом на «Самый Главный Вопрос Жизни, Вселенной и Вообще» оказывается, согласно книге, число 42. Но меня, одинокого подростка, завораживала возможность существования единой системы, которая, быть может, однажды позволит мне понять смысл окружающего мира. Я хотел найти настоящий вариант такой системы, а физика — наиболее фундаментальная из наук, исследующая саму природу материи, — казалась мне самым верным к нему путем.

* *The Hitchhiker's Guide to the Galaxy*, Douglas Adams, Pan Books, 1979.

** Перевод С. М. Печкина. — *Прим. ред.*

Одним из физиков, с работами которого меня, как и всех школьников, познакомили в первую очередь, был сэр Исаак Ньютон. В 1665 г. от чумы погибла четверть населения Лондона. В разгар эпидемии закрылся Кембриджский университет, и 22-летний Ньютон, который в то время работал в Тринити-колледже, попал в настоящий локдаун XVII в. Он вернулся в дом своего детства в линкольнширской деревне Вулсторп-бай-Колстерворт. Здесь Ньютона ничего не отвлекало, и для него началось время необычайных открытий. По легенде, в тени яблони ему на голову упал спелый плод, что и привело к озарению. Ньютон предположил, что сила, которая притягивает яблоко к земле, — это, должно быть, та же самая сила, которая удерживает Луну на орбите вокруг нашей планеты. Такое, казалось бы, простое наблюдение переросло в три закона движения Ньютона.

Первый закон, или закон инерции, гласит: объект, находящийся в покое, остается в покое, а объект, находящийся в движении, продолжает двигаться с постоянной скоростью, если на него не действует внешняя сила. Этот закон объясняет, почему ракета на стартовой площадке никуда не летит, пока не заработают ее двигатели, и почему по пути к Луне она, выключив их, сохраняет свой импульс до тех пор, пока ей не понадобится затормозить на том конце траектории. Вдохновленный этим результатом, Ньютон еще больше углубился в изучение вопроса.

Второй закон обычно выражается в виде уравнения $F = m \times a$: сила равна массе, помноженной на ускорение. Или, другими словами, масса равна силе, деленной на ускорение. Это означает, что чем тяжелее ракета, тем мощнее должны быть двигатели, необходимые, чтобы она развила скорость, которая позволит ей уйти с орбиты Земли.

Ньютон также заметил, что для каждой силы существует другая, равная ей и противоположная по направлению. Этот принцип стал третьим законом — законом действия и противодействия. Именно за счет него ракета вообще работает: напор газов, вылетающих из сопла в одну сторону, заставляет ракету двигаться в противоположную.

Эти три закона позволили Ньютону также разработать теорию всемирного тяготения, которая гласит, что каждый объект во Вселенной притягивает любой другой объект с силой, пропорциональной произведению их масс и обратно пропорциональной квадрату расстояния между ними. Другими словами, чем больше масса объекта, тем сильнее его гравитационное притяжение (именно поэтому гравитация на Земле больше, чем на меньшей по размеру Луне), а чем дальше два объекта находятся друг от друга, тем слабее притяжение между ними (именно поэтому гравитационное притяжение Солнца, испытываемое Землей, сильнее, чем такое же притяжение, испытываемое более удаленными планетами Солнечной системы). Это изящное выражение заложило основу для формирования наших представлений о космосе на многие столетия вперед. Вселенная описывалась им как нечто предсказуемое, упорядоченное и определенное. Кроме того, оно вдохновило бесчисленное множество других ученых.

Одним из них был Пьер-Симон Лаплас. В XIX в. Лаплас внес решающий вклад в объяснение того, как движутся планеты, применив теорию всемирного тяготения Ньютона ко всей Солнечной системе. Но на самом деле амбиции Лапласа выходили далеко за пределы физики.

Им двигало глубокое желание не просто предсказывать движение планет, но и сформулировать всеобъемлющую теорию Вселенной, теорию абсолютно всего. Лаплас опубликовал работу, которая считается одним из первых набросков концепции, известной как детерминизм. Он считал, что если бы кто-то мог иметь абсолютно точные знания о том, что происходит во Вселенной в некий момент времени — обо всех действующих там силах и положении всех ее объектов, — то теоретически он мог бы просто перевести стрелки часов вперед и получить идеальное представление о будущем. Постулируя то, что мог бы сделать человек, обладающий таким знанием, Лаплас писал: «Он… обнял бы в одной формуле движения величайших тел вселенной наравне с движениями легчайших атомов; не осталось бы ничего, что было бы для него недостоверно, и будущее, также как и прошедшее, предстало бы перед его взором»*,**.

Влияние Лапласа ощущалось далеко не только в физике. Родившись в 1749 г., он жил во времена Наполеона Бонапарта. Хотя эти два человека принадлежали к разным сферам — военной и научной, — детерминистская философия Лапласа была близка Наполеону с его стремлением к полному контролю и стратегической точностью. Так же, как Лаплас разобрался в устройстве космоса, Наполеон жаждал понять происходящее на поле боя — скрупулезно просчитывая передвижения войск, задействуя рельеф местности и даже привлекая астрономов для точного наведения артиллерийских орудий. Наполеон воспринимал

* Перевод под редакцией А. К. Власова. — *Прим. ред.*

** *A Philosophical Essay on Probabilities*, Pierre-Simon Laplace. Translated from the sixth French edition by Frederick Wilson Truscott and Frederick Lincoln Emory. New York: Dover Publications, 1951. Первоначально книга была опубликована в 1814 г.

армии как небесные тела, движение которых управляется гравитационными силами стратегии, морального духа и логистики. Он тщательно уравновешивал наступательные и оборонительные подразделения, искал выгодные опорные точки и использовал слабые места противника как гравитационную пращу. Это его вдохновленное физикой мировоззрение выходило за рамки военного планирования. Сосредоточенность Лапласа на законах и порядке перекликалась с желанием Наполеона создать стабильную, централизованную Францию. Он стремился придать французскому обществу рациональную, научно обоснованную структуру, подражающую предсказуемым орбитам небесных тел.

Помимо Наполеона, на протяжении всего XIX в. идеи Лапласа оказывали огромное влияние и на других не связанных с наукой людей, что определило многие характерные черты современной жизни. Так, французский философ Огюст Конт пришел к убеждению, что понять устройство общества можно с помощью тех же научных методов, что применяются для изучения мира природы; эта концепция впоследствии приведет к развитию современной социологии. Бельгийский статистик и обществовед Адольф Кетле изучал с помощью методов Лапласа человеческое поведение, в результате чего появилась наука криминология. Детерминистские взгляды Лапласа нашли свое отражение даже в литературе: такие великие писатели, как Томас Харди и Лев Толстой, исследовали в своих романах темы детерминизма и пределов того, что может определять человек. Разумеется, подходы Лапласа подвергались и критике. Философ Анри Бергсон отстаивал точку зрения, что детерминизм Лапласа отрицает возможность человеческой свободы воли. Другие, например писатель

Федор Достоевский, считали его механистическое мировоззрение холодным и черствым.

И все же, несмотря на эти контраргументы, я был покорен. Я начал испытывать к некогда ненавистной мне физике настоящие романтические чувства. Пусть это и было невозможно, но я хотел жить в детерминированном мире Лапласа. Впервые в жизни у меня появилась причина усердно трудиться, как будто кто-то придал мне небольшой импульс. Мои оценки постепенно улучшались, к изумлению учителей и родителей, я решил сдавать физику как один из выпускных экзаменов, а в итоге мне даже повезло поступить в Оксфорд. Вскоре я начал открывать для себя то, о чем Лаплас еще не догадывался.

Существует теория хаоса, которая утверждает, что некоторые детерминированные системы настолько чувствительны к мельчайшему изменению начальных условий, что предсказать их поведение на самом деле невозможно, несмотря на то что они следуют закономерностям, предписанным физикой. А еще есть квантовая физика, основанная на принципе неопределенности, который гласит, что положение и скорость любой частицы по определению невозможно точно измерить одновременно. На результат влияет сам факт измерения: изменятся либо координаты, либо скорость. Однако я также узнал, что уже более века физики, вслед за Лапласом, ищут единую общую теорию, которая позволила бы учесть и непредсказуемость теории хаоса, и неопределенность квантовой физики, но при этом объясняла бы все аспекты Вселенной, связав их в одну всеобъемлющую модель. Простое изящное уравнение, которое могло бы уместиться на одной странице, — так называемая теория всего.

Одним из самых любопытных исторических персонажей, о котором я узнал во время учебы в Оксфорде, был малоизвестный немецкий физик и математик Теодор Калуца. Скромный человек, Калуца владел 17 языками и, как говорят, научился плавать на четвертом десятке, просто прочитав книгу. За летние месяцы 1919 г. Калуца отправил Альберту Эйнштейну десятки писем, в которых описывал потенциально выдающееся, по его мнению, открытие. За несколько лет до этого Эйнштейн обнародовал свою общую теорию относительности — новую модель для объяснения гравитации и поведения Вселенной на гигантских масштабах. Однако между теорией Эйнштейна и другим важнейшим столпом современной физики, квантовой теорией, которая объясняет поведение Вселенной на крайне миниатюрных масштабах, имелись несоответствия. Движимый глубоким желанием объединить эти теории очень большого и очень малого, Калуца написал Эйнштейну письмо с предложением добавить дополнительное, пятое, измерение к четырехмерной на тот момент модели Вселенной Эйнштейна. В итоге у Калуцы не вышло полностью объяснить гравитационные и квантовые явления в рамках единой теории, но его догадка считается предтечей современной теории суперструн — наиболее многообещающего на сегодняшний день подхода к созданию теории всего. Более века спустя поиск единой, окончательной теории физической Вселенной остается одной из величайших нерешенных задач науки.

Когда моя учеба в Оксфорде подходила к концу, мне начало казаться, что эта цель, единая теория, может так и остаться за гранью наших возможностей. И даже если физикам удастся создать теорию всего, это будет не теория совсем всего — по крайней мере не такая, о которой я грезил, будучи подростком. Она не сможет объяснить все сложности жизни. Поэтому после окончания университета я принял непростое решение оставить мир физики и ступить на совершенно другую стезю. Сначала я поработал в консалтинговой фирме, затем стал советником по выработке политической стратегии и спичрайтером в британском правительстве, а позже — директором по стратегии в технологической компании. Ни одно из этих занятий не имело прямого отношения к физике. Шли годы, мои старые университетские учебники медленно покрывались пылью на чердаке. Вскоре я разучился выполнять сложные расчеты, необходимые для моделирования поведения элементарных частиц, и забыл дифференциальную геометрию, лежащую в основе общей теории относительности; стерлись из памяти и другие сложные темы, которые я когда-то усердно осваивал, будучи студентом. Но о физике я не забывал: как оказалось, я продолжал применять полученные навыки в ситуациях, очень далеких от науки. Будь то разработка правительственной политики или написание бизнес-стратегий, моя способность мыслить как физик — разбивать задачу на простейшие составляющие, выдвигать и проверять гипотезы, подвергать сомнению результаты, а затем находить ответы на сложные вопросы — оказалась бесценной. Физика давала мне возможность мыслить и смотреть на мир по-иному. Более того, идеи из области физики помогли мне разобраться во многих сложных вопросах, над которыми я бился в подростковом возрасте. Именно о таких идеях я и рассказываю в этой книге.

Например, когда я чувствовал, что меня одолевают силы вне моего контроля, я вспоминал о теории хаоса. Многие из нас слышали об эффекте бабочки — когда взмах крыльев гипотетической бабочки в одном полушарии приводит к возникновению урагана в другом. Физика учит нас, что такое возможно, потому что даже в детерминированных на первый взгляд системах мельчайшие отклонения, случившиеся в самом начале любого процесса, могут оказать значительное влияние на его исход, что практически исключает возможность предсказывать, что произойдет. Этот принцип в равной мере применим и к катаклизмам, которые обрушиваются на экономику или даже определяют исторические судьбы целых стран. Этот суровый урок я усвоил в начале своей карьеры, когда на мировых биржах лопнул пузырь доткомов, в результате чего по всей планете прошло финансовое цунами, запустившее цепочку событий, которая в конце концов привела к тому, что я, находившийся за тысячи километров от того места, где все это началось, спустя несколько месяцев потерял работу. В главе «Физика увольнения» мы увидим, как простые изменения могут вести к очень хитро закрученным последствиям. Один небольшой сдвиг — и события лавинообразно выходят из-под контроля. К счастью, на основании этих своих знаний физики разрабатывают новые способы прогнозирования непредсказуемого. Катаклизмы предотвратить невозможно, но мы можем корректировать свое мышление и тем самым готовиться к ним.

Когда я замечал, что не понимаю странностей того, как люди принимают решения, я обращался к квантовой физике. Очень немногие готовы признать, что принимают нерациональные решения, которые идут вразрез с логикой и разумом. Но почему так много людей (включая нас с вами) поступают именно так, зачастую не замечая никакого парадокса или противоречия? Квантовая физика — это целая наука, основанная на том, что выглядит нелогичным, с гипотетическими котами в коробке, которые одновременно и мертвы, и живы, и объектами, которые одновременно представляют собой волну и частицу, пока на них не посмотрят. Ключом к пониманию того, как две, казалось бы, противоречащие друг другу вещи могут быть истинными одновременно, является принцип суперпозиции. Суперпозиция применима как к элементарным частицам, так и к идеям в человеческих головах. В главе «Физика нерациональных решений» мы применим принципы квантовой физики к человеческому мышлению и поймем, что нерациональность имеет некий смысл. На самом деле люди не мыслят четко и прямолинейно — с осознанием этого факта становится значительно проще мириться с нерациональностью.

Когда я прочувствовал безнадежную несправедливость мира, я снова попытался разобраться с ней как физик. Вселенная во многом всегда была и всегда будет неравной. Менее чем через миллиардную долю секунды после Большого взрыва в вакууме пустоты возникли крошечные квантовые флуктуации в составе Вселенной. В одних областях энергии было больше, чем в других. За счет этого неравенства сгустки энергии и материи собирались вместе, и в результате образовались звезды, галактики, планеты и в конечном итоге мы с вами. В главе «Физика обладания меньшим» мы увидим, что жизнь, какой мы ее знаем, не возникла бы без неравенства; по сути, без него не было бы и самого существования, а теперь, когда мы уже существуем, неравенство — это просто наиболее эффективный способ перераспределения ресурсов внутри систем. Когда неравенство искореняется, все перестает функционировать. Поэтому, вместо того чтобы беспокоиться из-за него — или, что еще более бесполезно, пытаться с ним покончить, — гораздо продуктивнее бороться с несправедливостью. Неравенство присутствует во Вселенной обязательно, а вот без несправедливости вполне можно обойтись.

Иногда я не чувствую себя ни растерянным, ни подавленным, а как будто просто методично, решительно, шаг за шагом... топчусь на месте. Все идет как надо, ничто вроде бы мне не мешает, я упорно работаю, стараюсь изо всех сил, день за днем, а результата нет. Мои цели не становятся ближе. На самом деле, хотя импульс и ассоциируется с движением, а инерция — с неподвижностью, оба они являются частью одного и того же явления. В главе «Физика топтания на месте» мы увидим, что согласно законам термодинамики энергию для изменений нельзя просто так взять и получить из ниоткуда. Если где-то энергии стало больше, то в другом месте ее будет меньше. Зачастую мы упускаем из виду энергию, необходимую для изменений, а она бывает двух видов — попросту говоря, полезной и бесполезной. Энергию можно целенаправленно выкачивать, но если она бесполезная, то она просто уйдет в никуда.

Я обращался к физике, даже когда у меня было разбито сердце. До встречи с моей женой у меня было несколько романтических отношений. Некоторые были удачными. В других было так: одно неверное слово — и вот уже мы разругались в пух и прах. Я не мог понять, чем именно хорошие отношения отличаются от плохих. Будучи физиком, я пришел к выводу, что тут все сводится к стабильности. Физика учит нас различать устойчивые системы, в которых равновесие быстро восстанавливается, и неустойчивые, в которых малейший толчок может привести к катастрофе. Глава «Физика разбитого сердца» предлагает слова утешения как тем, кому недавно разбили сердце, так и тем, кто часто попадает в такую ситуацию. Принципы, которые применимы в романтических вопросах, могут быть использованы и в других видах отношений: от дружеских и семейных до отношений между правительствами и капризными избирателями, выливающихся в такие последствия, как выход Великобритании из состава Европейского союза. Физика также дает нам идущее вразрез с интуицией представление, что иногда самый напрашивающийся образ действий приводит к эффекту, обратному желаемому.

Когда я женился и переехал на север Англии, мне было не всегда легко вписаться в жизнь на новом месте. Мои собственные дети смеются над моим южным произношением. Мне кажется, что я живу в своем собственном маленьком пузыре. Физика рассказывает нам, как устроены пузыри. Согласно законам гидродинамики, их границы движутся под прямым углом к препятствиям, стремятся оставаться как можно короче, сливаются, образуя более крупные пузыри, и в конце концов приходят в состояние равновесия. В главе «Физика белой вороны» мы увидим, что и границы языка претерпевают подобные метаморфозы. Сравнение с пузырями позволяет понять вечную цикличность общественных факторов и характер культурных тенденций.

И хотя силы, определяющие нашу жизнь, порой невидимы и не поддаются количественному измерению, их влияние ощущается так же сильно, как гравитация или магнетизм. Этот урок я усвоил в возрасте примерно 40 лет, когда пережил банальнейший кризис среднего возраста. Я чувствовал себя никчемным и просто никем, я ставил под сомнение многие из своих решений. Где-то в тот же момент, когда я боролся с этим небольшим личным кризисом, мир столкнулся со своим собственным — началась пандемия COVID-19. В главе «Физика кризиса среднего возраста» мы увидим, что, сознательно или бессознательно, наше поведение и отношение к жизни — это реакция на силы вокруг нас. Модели поведения, идеи и чувства распространяются в обществе тем или иным образом в зависимости от действий тех, кто находится рядом с нами.

* * *

Прежде чем начать, стоит прояснить несколько важных моментов. Наверняка Исаак Ньютон, выводя сотни лет назад свои теории, не думал об изменении климата или глобальной бедности, не говоря уже о моей карьере или личной жизни. Он, как и бесчисленное множество великих физиков после него, стремился объяснить процессы, протекающие в физической Вселенной, а не в мире людей. Поэтому вполне естественно встает вопрос: а есть ли реальная связь между физикой и миром за ее пределами? Или все параллели, которые я провожу, — просто совпадения?

Оставив на время в стороне собственно физику, хочу сказать, что я глубоко верю в силу латерального мышления вообще. Этот термин, впервые введенный мальтийским врачом и психологом Эдвардом де Боно в 1957 г., описывает попытки решать кажущиеся неразрешимыми проблемы не напрямую. Иногда для того, чтобы изменить ход мысли, необходимо взглянуть на проблему с совершенно другой стороны. Я на собственном опыте убедился в достоинствах такого подхода. Я усвоил, как важно черпать идеи везде, где только возможно. Поэтому иногда ценность физики состоит не в точных или количественных показателях, а скорее в метафорах или аналогиях. Речь идет о том, чтобы начать мыслить иначе.

Но почему именно физика, а не какая-либо другая наука? Если бы пятнадцатилетний Захан нашел смысл в другом естественно-научном предмете из школьной программы — в химии, скажем, или биологии, — стала ли бы она темой этой книги? Что такого дает физика, чего нет в других науках? На этот вопрос есть броский, но вводящий в заблуждение ответ. Философ назвал бы его редукционизмом — учением, согласно которому секрет понимания любой сложной системы заключается в том, чтобы разложить ее на составные части. Если разобраться в том, как устроены части системы, то по этому принципу можно разобраться и в ней самой. Среди редукционистов распространено мнение, что любая наука может быть сведена к физике. Так, основой медицины является биология (ее задача — сделать живые организмы лучше), в основе биологии лежит химия (наши тела — это просто сложные ансамбли взаимодействующих химических веществ), а в основе химии — физика (речь там идет о взаимном расположении атомов и молекул и взаимодействиях между ними). Таким образом, все медицинские знания теоретически могут быть получены из физики.

Есть и те, кто придерживается еще более радикальной точки зрения, считая, что и другие аспекты нашей жизни, такие как экономика, психология и политика, тоже, по сути, являются лишь физическими процессами, которые можно раскладывать на все более мелкие компоненты, в конечном итоге придя к чистой физике. Я так не считаю. Я редукционист, но не настолько. Есть области, где такой утрированный подход просто не имеет смысла. Возьмем, к примеру, политику. Приверженец крайнего редукционизма скажет, что она тоже сводится к физике, потому что политика — это поведение групп людей; группы состоят из отдельных людей, люди состоят из атомов, а атомы подчиняются законам физики. Но значит ли это, что мы можем предсказать исход, скажем, всеобщих выборов, изучив поведение отдельных атомов в мозгу каждого зарегистрированного избирателя? Вряд ли. Для начала, мы знаем, что никогда не сможем получить абсолютно точного представления о каждом атоме в каждом мозге: согласно законам квантовой физики, всегда будет сохраняться неопределенность. Но даже если бы это было теоретически возможно, какой в этом смысл? Теоретизирование — это не монополия физики. У экономистов уже есть экономическая наука. У психологов — наука психология. У политиков — политическая теория. Физика может вносить свой вклад в развитие этих уже сложившихся дисциплин, но она их не заменит.

Для меня физика — это стремление объяснить устройство систем как можно более фундаментальным и общим способом. В последние годы некоторые ученые придумали, как использовать физику для решения реальных задач, не прибегая к крайней форме редукционизма. Конечно, работая над этой книгой, я не брал интервью у Доминика Каммингса или Илона Маска, но я побеседовал с физиком, который пытается с помощью принципов термодинамики бороться с нашей ненасытной жадностью до ископаемого топлива. Я встречался с физиком, который обнаружил связь между системами с движущимися средами и неудержимым на первый взгляд ростом имущественного неравенства. Я разговаривал с физиком, который применил теорию превращения воды в пар — это называют фазовым переходом — для предсказания и предотвращения волатильности на выборах. Я познакомился с физиком, который с помощью квантовой теории пытается более эффективно предсказывать и объяснять принятие нерациональных и предвзятых решений. Я даже встретился с человеком, который смог методами статистической физики предсказать беспорядки и социальное насилие за десять лет до того, как они произошли на самом деле. Обо всех этих людях и историях я пишу в этой книге.

Итак, вдохновившись идеями Дугласа Адамса и странствиями его героя по несовершенной Вселенной, я предлагаю отправиться в путешествие по нашей загадочной и хаотичной галактике, маршрут которого укажет нам физика.

Глава 1

Физика увольнения

Когда я учился на последнем курсе Оксфорда, самой модной у молодых целеустремленных выпускников считалась работа в сфере управленческого консалтинга. Казалось, каждая вторая глянцевая брошюра в университетском центре по трудоустройству на Банбери-роуд была выпущена престижной консалтинговой компанией, обещавшей интеллектуальный рост, роскошные командировки и возможность поработать с интересными клиентами. Звучало просто здорово. Только я не имел ни малейшего представления о том, что эти самые консультанты, собственно, *делали*.

Есть такая старая шутка: консультант одалживает у вас наручные часы, сообщает, сколько времени, а потом выставляет вам за это счет. Проведя небольшое расследование, я выяснил, что консультанты по управлению дают организациям советы о том, как им справляться с разными стратегическими и тактическими проблемами, на самостоятельное решение которых у их клиентов не хватает времени, опыта или широты обзора.

В рекламных брошюрах говорилось, что лучшие консультанты — это люди с крайне структурированным мышлением, способные усвоить массу разрозненной информации и разобраться, что там к чему. Они также очень любопытны, всегда задают массу вопросов и критически воспринимают текущее положение дел. Во многих отношениях эта работа, казалось, идеально подходила для человека, прежде изучавшего физику.

На протяжении веков физики гордились именно этими навыками. Они смотрели в небо и спрашивали себя: «Почему мы существуем?», «Почему в мире не пустота, а что-то есть?» или «Почему только что произошло вот это?» И за долгие годы они постепенно научились применять это любопытство для систематического и четко структурированного познания окружающего нас мира. Зародившись в Древней Греции, к моменту появления Галилея с его телескопом этот подход оформился в научный метод — способ накопления знаний о мире систематическим, воспроизводимым образом. По сей день научный метод остается базой всего, что делают физики, да и вообще все ученые.

Научный метод включает в себя шесть основных шагов. Шаг 1: сделать наблюдение. Например, небо — голубое. Шаг 2: задать вопрос. Почему небо голубое? Шаг 3: сформулировать гипотезу. Небо голубое из-за того, что электромагнитное излучение, в частности свет, рассеивается молекулами воздуха. Шаг 4: сделать предсказание на основе гипотезы. Если небо голубое из-за рассеяния, его цвет должен меняться при наблюдении на разных высотах и в разное время суток. Шаг 5: проверить предсказание. Наблюдая за небом на разных высотах и в разное время суток, мы видим, что на большой высоте, на восходе и закате небо кажется темнее. Шаг 6: повторить предыдущие шаги. Можно понаблюдать за небом из разных точек Земли или из космоса.

Научный метод обеспечивает каркас, который позволяет разгадывать тайны материального мира. Но я убедился, что с его помощью можно разбираться и в мире за пределами физики. На собеседовании в консалтинговых компаниях потенциальным сотрудникам любят задавать заковыристые вопросы на основе конкретных ситуаций. Помню, на одном из таких собеседований меня спросили, чем бы я мог помочь крупной международной компании, которой нужно снизить текучку кадров. Я ничего не знал ни о компании, ни о ее конкретных проблемах, но научный метод обеспечил мне надежную основу для ответа на этот вопрос. Я начал с наблюдения: сотрудники отдела кадров заметили, что в последнее время увеличилось количество увольнений. Зададим вопрос: а почему так много людей уходят? Сформулируем гипотезу: зарплата в компании ниже рынка. Сделаем предсказание: если увеличить премии и размер оплаты сверхурочных, то увольнений станет меньше. Теперь проверим его: допустим, в течение следующих трех месяцев мы будем отслеживать число увольнений по собственному желанию и поручим другой компании опрашивать увольняющихся. И наконец, повторим наши действия: сообщим о полученных результатах и проведем переоценку зарплат и льгот.

Реальный мир, конечно, гораздо сложнее, чем задачи, которые дают на собеседовании. В приведенном примере может понадобиться сформулировать несколько гипотез и проверить каждую из них. Некоторые прогнозы окажутся точными, а некоторые не оправдаются. Тем не менее для меня эти шесть простых шагов послужили бесценным ориентиром. В итоге после нескольких таких трудных собеседований я устроился на работу в лондонскую консалтинговую компанию.

С самого начала у меня был напряженный график: приходилось постоянно сидеть в офисе допоздна. В то время я еще жил с родителями, и моя бедная мама не ложилась спать, пока я не приду, а я часто возвращался далеко за полночь. Я выкладывался по полной. Это была моя первая постоянная работа в реальном мире, и я чувствовал себя окрыленным. На первой аттестации мне сказали, что я имею потенциал стать партнером. Казалось, мое будущее обеспечено.

Через девять месяцев меня вместе с моими коллегами, тоже недавними выпускниками, отправили в Италию на обязательный тренинг. Во время поездки мне неожиданно позвонили и сказали, что рано утром в следующий понедельник я должен буду встретиться в Лондоне с партнером, чтобы обсудить возможное «сокращение штатного расписания». Я никогда раньше не слышал этого выражения, но меня просветили, что это корпоративный сленг, означающий увольнение. Фирме предстояло избавиться от определенной части сотрудников, и в понедельник утром мне должны были сообщить, окажусь ли я в их числе.

Обычно я чересчур нервничаю из-за любых мелочей, но этот телефонный звонок, как ни странно, я воспринял спокойно. Всем моим коллегам тоже позвонили, и в тот момент я был уверен: уволят именно их. Меня это точно не должно было коснуться. У меня все будет хорошо, ведь я так усердно работал, так старался, получал такие хорошие отзывы и характеристики.

Когда наступило утро понедельника, меня вызвали в кабинет на втором этаже нашего здания, несколькими этажами ниже того, где мы все работали. За столом напротив меня с серьезным лицом сидел очень важный американский партнер внушительного вида. Слева от него — женщина из отдела кадров. Я никогда раньше не общался с этим человеком, но знал, что его называли королем бургеров, потому что каждый день на ланч в офисе он ел воппер с картошкой и напитком из Burger King. Он не стал ходить вокруг да около: «Сожалею, Захан, но ваши услуги нам больше не требуются».

Я не помню, что они оба говорили после этого. У меня гудело в ушах. Я не чувствовал ни ног, ни рук — думал, что вот-вот потеряю сознание. Помню только, как он сказал, что мне не нужно даже убираться на моем рабочем столе. Стало ясно, почему встреча проходила на втором этаже: они хотели, чтобы я сразу спустился вниз по лестнице на один пролет, ни с кем не встречаясь и не разговаривая, вышел на улицу и отправился домой. Вот так, раз — и все. Это был мой первый опыт трудовой жизни.

* * *

Увольнение никому не дается легко, но для меня оно оказалось особенно болезненным, потому что то, как развивались события, полностью не соответствовало детерминированному миру, в котором я мечтал жить подростком, миру упорядоченному, предсказуемому и справедливому. На работе я старался изо всех сил, потому что ожидал, что если буду выкладываться на все сто, то получу оптимальные результаты. Осознать то, что произошло, было тяжело.

Конечно, моей компанией руководили не бездушные автоматы, которым просто нравилось играть наивными молодыми выпускниками, а потом, когда тем покажется, что удача уже у них в руках, разбивать их надежды. По крайней мере, я на это надеюсь. Скорее всего, они исходили из соображений выгоды, и то, что произошло со мной, имело вполне логичное объяснение с точки зрения бизнеса. За моим увольнением стоял более широкий контекст. И когда пыль улеглась, а шок прошел, я начал это понимать.

Все это происходило летом 2001-го. Ничто не предвещало необратимых перемен, которые ждали мир в сентябре того года, однако ситуация была не безоблачной. За год до этого лопнул пузырь доткомов, что вызвало финансовые неурядицы по всему миру. Так закончился период чрезмерной самоуверенности и гигантских инвестиций в любую компанию с интернет-сайтом — тогда это была новая, поразительная и заманчивая концепция. Но она совершенно не оправдала себя. И инвесторы, и предприниматели на собственном опыте убедились, что одного только URL-адреса в домене.com недостаточно, чтобы компания приносила доход. Оказалось, такие более фундаментальные факторы, как жизнеспособный бизнес-план, достаточный капитал, прибыль, покрывающая расходы, и прежде всего элементарный опыт руководителей, списывать со счетов рановато.

Разорялись не только сами интернет-компании. Беда затронула и смежные отрасли: консалтинговый, банковский и технологический сектора, которые обеспечивали их деятельность и у которых вдруг стало меньше платежеспособных клиентов. Доткомы оказались эпицентром землетрясения, ударные волны которого распространились по всему финансовому миру. Всем приходилось затягивать пояса, сокращать бюджеты и урезать численность персонала.

Суровое правило кадровиков в таких обстоятельствах — пришел позже, ушел раньше. Я был не первым недавним выпускником, которого внезапно уволили. Не был я и последним. Сейчас-то я это понимаю — но, возможно, я должен был это понимать уже тогда. Если бы я чуть отстранился от своих проблем, я бы увидел более полную картину. В конце концов, ведь именно для этого среди прочего и нанимают консультантов по управлению. Однако посмотреть на ситуацию со стороны не всегда просто. Возможно, потому, что ты — главный герой в своей истории и слишком погружен в свое собственное повествование. А может, это нежелание видеть или неспособность осознать, что все идет не так, как тебе хотелось бы. Но дело в том, что подобные кризисы всегда назревают незаметно, а потом обрушиваются на нас как снег на голову. Крах доткомов — не первый и не последний подобный случай.

В 2008 г. случился крах системы ипотечного кредитования в США. Безответственное предоставление рискованных ипотечных кредитов тем, кому просто нечем было их выплачивать, привело к образованию пузыря на рынке недвижимости, который в итоге, естественно, лопнул. Все началось с небогатых собственников жилья в нескольких ключевых штатах, но последствия ощущались по всей планете.

В 2011 г. несколько членов еврозоны — стран, использующих евро в качестве основной валюты, — оказались не в состоянии осуществлять выплаты по своему государственному долгу. Одно обанкротившееся правительство — это уже неприятно, но пять подряд, причем в одном из самых богатых регионов мира, — это катастрофа. Долг в этих странах накапливался по разным причинам, а ожидаемый приток капитала, который позволил бы его погасить, сошел на нет. У каждого из этих государств было бы больше методов справиться с кризисом своими силами, не откажись они от собственной валюты, но привязка к евро резко ограничила их возможности и одновременно увеличила побочные эффекты для других стран.

В 2013 г. Федеральная резервная система США ежемесячно тратила 85 млрд долларов на покупку американских казначейских облигаций. Эта программа, известная как количественное смягчение, была запущена после кризиса ипотечного кредитования с целью поддержания низких процентных ставок. В результате инвесторы стали искать более высокой доходности за пределами страны, особенно на рынках развивающихся стран, таких как Индия, что способствовало укреплению рупии. Но когда в мае 2013 г. тогдашний председатель Федеральной резервной системы Бен Бернанке намекнул, что правительство США начнет сворачивать программу скупки облигаций, в Индии внезапно обнаружили, что потоки капитала в их страну иссякают. Через три месяца курс рупии к доллару США достиг исторического минимума.

В 2015 г. нестабильность на китайском фондовом рынке отразилась на рынках других стран по всему миру. За три недели стоимость китайских акций упала примерно на 30%. От этих ценных бумаг избавлялось так много инвесторов, что приостановить сделки со своими акциями пришлось сотням китайских компаний. Как ни странно, всего несколькими неделями ранее на фоне снижения ставок по кредитам и притока частных инвестиций показатели китайского фондового рынка взлетели до семилетнего максимума — но в этом и заключалась проблема. Причиной роста был скорее краткосрочный импульс, а не реальная оценка состояния рынка, и удержать показатели на этом уровне было невозможно. Упомянутые выше частные инвесторы одалживали крупные суммы, чтобы привлечь средства, а поскольку стоимость акций (неизбежно) упала, кредиторы теперь требовали взамен больше денег или другие гарантии.

В 2017 г. попытки провести финансовую реформу в Индии только навредили ее экономике, что опять-таки имело серьезные последствия для всего мира. Еще не оправившись от последствий событий 2013 г., индийское правительство неожиданно объявило, что расплачиваться банкнотами в 500 и 1000 рупий больше нельзя. Другими словами, 86% всех находившихся в то время в обращении денежных знаков внезапно были объявлены недействительными. Заявленные цели этого шага были вполне разумными: заставить уклоняющихся от уплаты налогов держателей наличности выйти из тени, изъять из обращения фальшивые банкноты и помочь стране подготовиться к переходу на цифровые средства расчета. Однако таким образом в одночасье была разрушена экономика сельских районов, которая главным образом зависела от наличности. Цены на основные продукты питания, такие как лук, помидоры и картофель, упали вдвое по сравнению с тем, что было годом ранее. Прибыль снижалась, долги росли, и, как мы уже могли привыкнуть, кризис в одном секторе привел к спаду в других. За первые несколько месяцев 2017 г. работу потеряли около 1,5 млн человек.

Я не ради забавы рассказываю о том, как хитроумные финансовые схемы приводили к обратному эффекту, как и о том, что эксперты упускали из виду самые очевидные впоследствии факторы. Скорее я хочу продемонстрировать, как один небольшой сбой в одной маленькой области может вызывать каскад проблем в гораздо более крупном масштабе: обрушение рынков, развал бизнеса, увольнение питающих надежды молодых выпускников. Можно ли разобраться в происходящем благодаря физике? Чтобы ответить на этот вопрос, нужно вернуться к тем разделам этой дисциплины, с которых я начинал подростком.

* * *

Законы движения Исаака Ньютона заложили основу для современной физики. Оказалось, что они чрезвычайно успешно предсказывают и объясняют поведение объектов в окружающем нас мире. Если к объекту Б прикладывают силу А, мы можем точно знать, какой эффект В будет наблюдаться в результате. Эти законы описывают детерминированную вселенную, предсказуемую и точно определенную. Однако эта определенность продержалась недолго.

Физики начали понимать, что делать подобные предсказания не всегда так просто. Представьте себе два объекта — скажем, планету, вращающуюся вокруг звезды. С помощью законов Ньютона мы можем точно смоделировать поведение и планеты, и звезды во времени, причем практически не ограничено далеко в будущее. Теперь представьте, что существует еще и третий объект, скажем, луна. Ничего страшного, подумаете вы. Всего три объекта; разве те же законы физики, благодаря которым мы умеем запускать в космос ракеты, не позволят нам предсказать движение и поведение всех трех?

Оказывается, нет. С добавлением третьего объекта картина чрезвычайно усложняется — настолько, что предсказать, каким будет гравитационное взаимодействие в этой троице с течением времени, становится очень трудно, а то и невозможно. Представьте, что все три объекта находятся в известных, фиксированных положениях. Через определенный промежуток времени все они сместятся и окажутся в новых. Теперь представьте, что вы проделываете это еще раз, поместив те же самые объекты в те же самые исходные позиции. По истечении того же времени вы ожидаете увидеть их там же, где и раньше, но на самом деле они могут оказаться совсем в других точках. Это упражнение можно повторять снова и снова, каждый раз начиная с одной и той же конфигурации, но каждый раз приходя к другим конечным положениям.

В конце XIX и начале XX в. этой «задачей трех тел» занялся французский математик Анри Пуанкаре. В своей новаторской работе он показал, почему движение в этом случае так трудно спрогнозировать. Дело в том, что даже в детерминированных системах мельчайшие возмущения в начальных условиях могут приводить к значительному изменению результатов с течением времени. Это же самое явление спустя годы получило известность как эффект бабочки: бабочка машет крылышками в Китае, а в результате в Техасе начинается ураган — метафора того, как незначительное изменение в одном месте может запустить цепочку событий, которые приведут к катастрофическим последствиям в другом.

Работа Пуанкаре стала поворотным пунктом в развитии физики. Благодаря ей акцент сместился с детерминированных, хорошо организованных систем на системы, для которых характерны сложность и хаос. Современные физики постарались разработать модели, которые иллюстрируют это явление, связывая ньютоновскую предсказуемость и присущую сложным системам нестабильность.

Одним из таких ученых был датский физик Пер Бак. В 1980-х гг. он работал в расположенной на севере штата Нью-Йорк Брукхейвенской национальной лаборатории, созданной Министерством энергетики США. Его исследования были посвящены физике сложных систем и тому, как мелкие события могут приводить к крупномасштабным последствиям. В 1987 г. он вместе с двумя молодыми коллегами Чао Таном и Куртом Визенфельдом опубликовал статью, которая произвела переворот в наших представлениях о подобных явлениях. Их концепция носит название «самоорганизованная критичность»*, а источником вдохновения для нее удивительным образом послужили песчинки. Чтобы проиллюстрировать это, рассмотрим два простых эксперимента с песком.

Представьте, что вы идете на пляж и набираете горсть песка. Песок сухой, так что отдельные песчинки можно очень аккуратно брать пинцетом, а затем взвешивать их одну за другой. Конечно, этот процесс весьма скучен, но, допустим, у вас есть достаточно чувствительные весы и вы можете взвесить, скажем, 500 отдельных песчинок; каким, как вы думаете, будет результат? Если бы мы построили график, отложив по горизонтальной оси различные значения массы, а по вертикальной — частоту, с которой эти значения встречаются, то почти наверняка увидели бы пик в середине, по обе стороны от которого кривая постепенно сходила бы на нет. Другими словами, масса большинства песчинок находилась бы в районе

* *'Self-organized criticality'*, Per Bak, Chao Tang, and Kurt Wiesenfeld, *Physical Review* A, 38, 364, 1 July 1988. https:// journals.aps.org/pra/abstrac /10.1103/ PhysRevA.38.364.

среднего значения (а это примерно 150 мкг), тогда как некоторые песчинки весили бы больше, а некоторые — меньше. Чем тяжелее или легче песчинки, тем реже они будут попадаться.

Такая кривая называется колоколообразной, или нормальным распределением, и она невероятно часто встречается в обществе и природе. Будь то средний вес новорожденных, баллы в типовых тестах, среднее число людей, которые пользуются лондонским метро в любой понедельник, или размеры листьев на дереве — результаты измерений будут распределены в виде колоколообразной кривой. Если измеряемые объекты независимы и не взаимодействуют друг с другом, то кривая всегда будет получаться такой.

Теперь возьмем наши песчинки и проведем другой эксперимент. Пусть у нас есть большой стол в центре комнаты. Представьте, что вы кидаете песчинки в его центр. Песчинки падают друг на друга, и постепенно возникает куча, которая становится все больше. В конце концов она вырастет настолько, что с нее сходит небольшая лавина и часть песка соскальзывает вниз. Таких мелких лавин может быть много, но если продолжить бросать песчинки на вершину кучи, то в конце концов сойдет гораздо бóльшая лавина, в ходе которой обрушится значительная часть кучи.

Если мы теперь построим еще один график, отложив по одной оси размер лавин, а по другой — частоту их схода, какой формы будет кривая? Снова колоколообразная, подумаете вы, но окажетесь неправы. На самом деле график будет больше похож на детскую горку. Слева вы увидите высокий пик, соответствующий небольшим и часто сходящим лавинам. При движении правее этот пик будет быстро спадать, образуя длинный плоский хвост, уходящий далеко вправо. Такой график говорит о том, что подавляющее большинство лавин очень малы, а чрезвычайно большую лавину можно увидеть только в редких случаях.

Эта кривая известна как «длинный хвост», и подобная картина также часто встречается в природе, хотя и при совершенно других обстоятельствах. Это, например, интенсивность и частота лесных пожаров, землетрясений, наводнений и эпидемий — все они подчиняются схожим закономерностям с длинным хвостом. Другими словами, большинство из таких событий незначительны, но изредка они могут достигать катастрофических масштабов. Войны также распределяются по принципу длинного хвоста. Многие из них непродолжительны и приводят к относительно небольшому числу жертв, однако бывает и так, что в противостоянии гибнут миллионы людей.

Эти два распределения — колоколообразная кривая и длинный хвост — окружают нас повсюду, и обычно мы воспринимаем их как нечто само собой разумеющееся. Но описывают они две совершенно разные картины. Профессор кафедры сложных систем, социальных наук и управления Мичиганского университета Скотт Пейдж рассматривает для сравнения этих двух случаев средний рост людей по всему миру. В наше время такое распределение по росту выглядит как колоколообразная кривая, а средний рост взрослого мужчины в мире составляет около 175 см. Есть люди низкие (как я) и высокие, но очень редко можно встретить кого-то ниже 90 см или выше 210. Пейдж задался вопросом, как бы выглядел мир, где средний рост мужчин остался бы на уровне 175 см, но распределение имело бы длинные хвосты: 60 000 человек были бы там выше 275 см, 10 000 человек — выше 520 см, а один человек — выше 30 500 см. В противовес же всем этим великанам среди мужчин было бы 170 млн лилипутов ростом 18 см.

При таких резких различиях между колоколообразной кривой и длинным хвостом логично встает следующий вопрос: а почему? Почему иногда мы видим колоколообразную кривую, а иногда — длинный хвост? Существует ли модель, которая позволит это объяснить? Именно этим вопросом задались Бак, Тан и Визенфельд. И чтобы найти ответ, они углубились в изучение поведения куч песка.

Возьмем тот же стол с песком, что и раньше, но пусть на этот раз на нем нарисована решетка, похожая на квадраты шахматной доски. Теперь представьте, что вы бросаете в центр этого стола отдельные песчинки. В данной модели каждый квадрат решетки может вмещать только ограниченное число песчинок, максимум три. Как только добавляется четвертая, квадрат становится «переполненным». В этот момент возникает небольшая лавина, и в каждый из соседних квадратов скатывается по песчинке. Одна попадает в квадрат выше, одна — ниже, одна — левее, и одна — правее. Песчинки продолжают падать, заполняя все больше и больше квадратов. В самом начале лавина может пройти всего через два или три квадрата и остановиться. Но когда каждая клетка заполнена, одна лишняя малюсенькая песчинка может создать огромную волну — лавину, которая пронесется через всю доску.

Бак, Тан и Визенфельд не смогли провести этот эксперимент с использованием настоящего песка. Оказалось, что даже в сухом виде он слишком липкий. Поэтому им пришлось довольствоваться компьютерной моделью, в рамках которой, песчинка за песчинкой, создавалась, а затем раскрашивалась виртуальная куча. Относительно ровные и устойчивые участки кучи становились зелеными, а более крутые — красными.

Как и следовало ожидать, сначала вся куча была зеленой. По мере ее роста появлялись красные участки. Некоторые красные кучи росли сами по себе, отдельно от других. В других случаях красные кучи возникали рядом друг с другом, образовывая скопления. Когда песчинка падала на изолированную красную кучу, обвал, скорее всего, получался единичным, и она быстро становилась обратно зеленой. Но если рядом находились другие красные участки, то дополнительная песчинка могла вызвать цепную реакцию из лавин на других красных участках.

Однако важнее всего было то, что предсказать реальный размер или точное местоположение следующей лавины оказалось невозможным. Картина их сходов не отличалась четкостью и упорядоченностью. Волны, расходящиеся от центра кучи, могли устремляться в любом направлении. Песчинки, казалось, обрушивались в произвольном порядке. Иногда ничего не происходило, иногда рядом падало несколько песчинок, а иногда случался новый обвал. Бак, Тан и Визенфельд не могли сказать, какая именно песчинка вызовет лавину и насколько большой эта лавина будет. Размер кучи или число песчинок не имели значения. Одни и те же исходные данные и условия каждый раз приводили к разным результатам.

Профессор математики из Висконсинского университета в Мадисоне Джордан Элленберг даже дошел до описания песчаной кучи как живой. Песчинки словно обладают собственной волей, ускоряясь и замедляясь, как будто под действием внешней силы. Единственная закономерность состояла в том, что никакой закономерности не было.

И все же, несмотря на кажущуюся непредсказуемость, своего рода упорядоченность все же проявилась. Бак, Тан и Визенфельд обратили особое внимание на относительные размеры лавин. Большинство из них были небольшими. Меньшее количество имело средние размеры. И редкие лавины оказывались огромными. Другими словами, их распределение по размеру соответствовало принципу длинного хвоста.

Сила и красота модели песчаной кучи Бака, Тана и Визенфельда заключались в том, что она показала глубинные процессы, которые вели к появлению других распределений с длинным хвостом. Неважно, идет ли речь о землетрясениях, лесных пожарах или эпидемиях — ситуация везде одна и та же. Система работает как должна, но в конце концов достигает точки так называемой самоорганизованной критичности. Именно в этот момент малейшее изменение — незначительное на первый взгляд событие вроде добавления одной лишней песчинки — может вызвать лавину, размер и последствия которой непредсказуемы. Система может поглотить лавину и вернуться в устойчивое положение. Или же будет запущен разрушительный каскад дальнейших лавин. Сложные системы самоорганизуются и накапливают потенциал для собственного разрушения.

Бывший исполнительный директор Центра национальной обороны и безопасности США Тед Льюис приводит упомянутый ранее финансовый кризис 2008 г. в качестве классического примера такого эффекта песчаной кучи. Проблемы накапливались годами по мере того, как собственники недвижимости оказывались должны за нее больше, чем она стоила. Предельная нагрузка на американский рынок жилья, то есть максимальный риск, который может выдержать рынок, обычно составляет около 62%. К 2008 г. этот показатель составлял 65%, что свидетельствовало о колоссальном напряжении. Критическая точка была пройдена, и обвал произошел без предупреждения. Чтобы спровоцировать мощную лавину, хватило лишь небольшого инцидента, а именно банкротства одной ссудо-сберегательной компании в Южной Калифорнии, которое в обычной ситуации прошло бы незамеченным почти для всех.

С точки зрения некоторых ученых, песчаные кучи — это способ объяснить и сложное биологическое поведение. Если вы, например, когда-нибудь наблюдали за мурмурацией скворцов — одним из чудес природы, — вы видели этот принцип в действии. Облако из тысяч птиц, движущихся в идеальном строевом порядке, вращается и извивается в небе, образуя самые фантастические абстрактные формы. При этом птицы никак не коммуницируют между собой. Ничто не рассчитано и не спланировано заранее, и предсказать полет отдельно взятой птицы просто невозможно. Ни один скворец не смог бы взять происходящее под свой контроль, направляя всех остальных. Каждая мурмурация уникальна, но математические правила, лежащие в ее основе, очень просты. Подвижная туча птиц подобна лавине на песчаной куче: она непредсказуема и возникает только после прохождения критической точки, за которой следует новое нарастание напряжения, опять достигающее критической точки, и сходит очередная лавина (или смена направления движения).

Эффекту песчаной кучи оказываются подвержены даже политические движения. Так, 4 января 2011 г. в Тунисе почти никому не известный уличный торговец Мохаммед Буазизи, столкнувшись с несправедливым отношением местных властей, совершил самосожжение на оживленной улице. В обычной ситуации подобное не вызвало бы во внешнем мире никакого резонанса. Однако в то время, когда это произошло, недовольство отдающим тоталитаризмом поведением многих авторитарных режимов в Северной Африке достигло такой степени, что поступок Буазизи привел к массовым волнениям во всем регионе. Эти события стали известны как «арабская весна». Если бы тот же человек покончил с собой, скажем, годом раньше, то, вероятно, его смерть не тронула бы никого, кроме его семьи и друзей.

Модель песчаной кучи показывает, что распределения с длинным хвостом характерны для систем с взаимосвязанными и взаимозависимыми компонентами. Рост напряжения идет до тех пор, пока не будет достигнута самоорганизованная критичность, и тогда самое незначительное изменение может приводить к гораздо более масштабным каскадным эффектам. Так есть ли способ предотвратить подобные катастрофы?

Всем недавно сокращенным молодым специалистам — даже тем, кто обладает большей, чем у меня, дальновидностью, — знание о модели песчаной кучи вряд ли поможет в их конкретных проблемах с работодателями. Отдельные сотрудники больше схожи с песчинками, которые скатываются по склону не по своей воле. Узнать или предсказать размер или местоположение следующей лавины невозможно.

А вот компании и рынки, скорее напоминающие большие кучи песка, обладают большей свободой действий. Они способны принимать превентивные меры в рамках своей обычной деятельности. Может показаться, что для этого им нужно вдумчивее относиться к работе: проводить оптимизацию и повышать эффективность для предотвращения возможных сбоев. Но на самом деле все обстоит как раз наоборот. Лучший способ предупредить возникновение катаклизма — это с самого начала не допускать нарастания рисков. Принципиально новая идея Бака заключалась в том, что для этого им нужно стать *менее* эффективными.

Возьмем для примера сеть электроснабжения. Если бы каждое домохозяйство в городе всегда потребляло одну и ту же мощность, задача электроснабжения была бы намного проще. Спрос всегда был бы предсказуем, и сбои в работе случались бы очень редко. Однако так почти не бывает. В жаркую погоду все, скажем, пользуются кондиционерами. В перерыве трансляции чемпионата мира по футболу миллионы людей наверняка включат чайник. А еще в какую-то трансформаторную будку может попасть молния. В любом из этих и во многих других случаях произойдет скачок потребления, и, если в системе нет встроенной защиты, по всей стране сработают предохранители. В такой ситуации электросеть может выйти из строя из-за недостаточной пропускной способности, нехватки топлива для электростанций или просто разрыва цепи. Подобно песчинкам, падающим на кучу, лавина сбоев в электроснабжении может распространиться, как эпидемия, по всей сети.

Американский автор ливанского происхождения, специалист по математической статистике Нассим Николас Талеб называет подобные события «черными лебедями». Почти по всему миру лебеди белые. Единственная естественная популяция черных лебедей обитает в Австралии. Поэтому пока европейские исследователи не добрались до этого континента и не увидели черного лебедя, никто, кроме австралийцев, и подумать не мог, что такие птицы существуют. Первый путешественник, увидевший черного лебедя, не мог знать, что вот-вот встретится с ним, пока, собственно, его не заметил. На современном языке «черный лебедь» — это некое значительное событие, которое может произойти, однако о котором мы не можем знать, где, когда и как оно произойдет, и произойдет ли вообще. Мы узнаём о нем только по факту.

«Черные лебеди» случаются не только в энергосистемах. Хотя эти непредвиденные события по определению нельзя точно предвидеть заранее, их возможность можно учесть. И для этого нужно, как ни парадоксально, снизить эффективность — то есть провести оптимизацию, ничего не оптимизируя: недозагрузить систему или предусмотреть в ней избыточность, чтобы мы смогли справиться с неожиданным событием. От скачков потребления сеть электроснабжения защитить довольно легко. Например, использовать больше дополнительных кабелей и защитной аппаратуры, которые будут бездействовать почти всегда, до тех пор пока не возникнут пиковые нагрузки. Другой способ — эксплуатировать всю электросеть с неоптимальной производительностью, всегда оставляя немного дополнительной пропускной способности на случай скачков, а не максимизировать краткосрочную прибыль, эксплуатируя сеть как можно жестче и нагружая ее до как можно более точно заданных параметров.

Очевидно, что такие меры легче предложить, чем осуществить. Наш мир живет по принципу «все точно в срок». Современные организации стремятся повысить эффективность и оптимизировать свою работу, нагружая свои активы до предела. Среди политиков, бизнесменов или бухгалтеров снижение эффективности не самое популярное решение. Акционерам не нравится, когда им говорят, что в их системе есть свободные неиспользуемые мощности или что деньги были потрачены на установку дорогостоящих, но редко нужных компонентов. В результате инвестиции в резервные мощности часто не являются приоритетными, что потенциально делает нас более уязвимыми к катаклизмам. А учитывая катастрофичный характер «черных лебедей», в случае необходимости без резервных мощностей будет просто не обойтись.

Существует и другой аргумент против таких превентивных мер: бывает, что «черные лебеди» оказываются весьма кстати. Конечно, в сферах вроде национальной обороны они совсем не нужны. Но, например, таких новаторов, как Стив Джобс, Билл Гейтс или Джефф Безос, вполне можно рассматривать как отдельных «черных лебедей», как бунтовщиков, выступивших против общепринятых норм ведения бизнеса, — однако их деятельность движет экономику вперед. Выбрать, от какого типа «черных лебедей» стоит защищаться, довольно проблематично, поскольку по самой их природе их особенности невозможно предугадать, а к ним самим нельзя подготовиться.

И даже когда ответный план имеется, он необязательно окажется идеальным. В одном из интервью 2011 г. Тед Льюис говорил, что уверен в устойчивости американской политической системы, потому что она уже нарочито неоптимальна. Отцы-основатели хотели, чтобы она была неэффективной; они хотели, чтобы американское правительство не могло проявлять тоталитарные замашки, которые они заметили в английском короле Георге III. Поэтому в Конституции США была закреплена система разделения властей со множеством сдержек и противовесов. И действительно, за следующие 200 лет Конституция пережила всех обрушивавшихся на нее «черных лебедей», включая

Гражданскую войну. А потом, в январе 2021 г., толпа, отказывавшаяся признать результаты выборов в США, ворвалась в Капитолий, чтобы не допустить ратификации этих результатов в соответствии с той же конституцией. На сцену выплыл новый «черный лебедь», о котором мы поговорим в одной из следующих глав.

* * *

Итак, какой совет я бы дал себе, заново начинающему карьеру? Во-первых, учитывать, что любой, кто говорит, что точно знает, что будет дальше, даже если это самый умный консультант по управлению, почти наверняка этого не знает. Мы убедились, что в сложной системе, не допускающей точных прогнозов по самой своей структуре, не выйдет что-то с ходу спрогнозировать, да и просто принять очень хорошо информированное решение. Можно оценить вероятности, но принимать их за абсолютную истину не следует. Невозможно точно знать, как поведут себя рынки в следующий момент времени или какой будет реакция на то или иное их поведение.

Поэтому стоит выслушать мнение нескольких экспертов и просчитать образ действий, который наилучшим образом сочетает в себе все их прогнозы. Нужно понять, что все мы — компоненты огромных, сложных систем, и иногда, несмотря на все наши усилия, события, происходящие очень далеко от нас, оказывают большее влияние на нашу жизнь, чем наши собственные действия. Поэтому необходимо обращать внимание на общую картину, рассуждать философски и сохранять гибкость. Кроме того, всегда имейте план Б.

Во-вторых, многие компании настолько жестко оптимизированы, что фактически живут в постоянном ужасе перед началом очередного спада. Но хотя спады — брошенные сверху песчинки — будут всегда, почти все из них, скорее всего, не вызовут катастрофы (лавины) просто потому, что к катастрофе не приводит почти никакой спад. Ваша компания не обязательно должна постоянно находиться в режиме кризисного управления, но, чтобы она была устойчивой, в ее структуру необходимо заложить определенную избыточность. Сосредоточьтесь на тех вещах, на которые вы можете влиять, например на корпоративной культуре и благополучии сотрудников. Научитесь ценить те вещи, которые приносят пользу вашей компании, но не обязательно отражаются на ее бухгалтерском балансе.

Увольнение подействовало на меня как удар под дых; вреда было бы вдвое меньше, если бы я вошел в тот кабинет с мыслью, что меня сейчас могут уволить. Так или иначе, часть последствий внезапного увольнения носит психологический характер. Это сильно бьет по уверенности в себе и подрывает веру в благие намерения других; вам может потребоваться много времени, чтобы прийти в себя и снова выйти на рынок труда. Чем больше у вас резервов, позволяющих справиться с пиковыми нагрузками, тем выше вероятность того, что вы оправитесь. Вместо того чтобы выкладываться по полной, посмотрите, нельзя ли справляться с вашими должностными обязанностями так же хорошо, прилагая 80% этих усилий. Оставшиеся 20% посвятите подготовке к непредвиденным обстоятельствам и заботе о себе. При сходе лавины куча песка может полностью обрушиться, но с отдельными песчинками ничего не случается.

Глава 2

Физика нерациональных решений

Первые месяцы после увольнения дались мне нелегко. Все мои друзья и бывшие коллеги строили карьеру и жизнь дальше, а я сидел без работы и денег, да к тому же и до сих пор жил с родителями. Мне невероятно повезло, что они меня поддерживали, но в условиях продолжавшегося экономического спада мало кто из работодателей мне перезванивал. Более того, я был уже не так уверен в себе. Я не понимал, что делать дальше. Будущее, возможно, больше, чем когда-либо с тех пор, казалось мне неопределенным. К счастью, после нескольких месяцев поисков мне подвернулась интересная вакансия. Дело было за малым — решиться.

Так как работа в частной компании меня разочаровала, мне захотелось заняться чем-то, что, по моему мнению, приносило бы больше пользы обществу. Я решил, что готов поработать на государство в должности советника в одном из министерств. Тогдашний премьер-министр Великобритании Тони Блэр после своей сокрушительной победы на выборах 1997 г. пользовался огромной популярностью.

Его представления о будущем были известны как концепция «третьего пути» — политическая программа, подразумевающая поиск золотой середины между социальной справедливостью и экономическим либерализмом, то есть предположительно объединяющая в себе лучшее из левой и правой идеологий. Центральной задачей этой программы на тот момент было сделать интернет доступным для большего числа людей.

Если сейчас многие из нас воспринимают надежный высокоскоростной интернет как нечто само собой разумеющееся, в 2001 г. его использование было повсеместным лишь в считаных профессиональных сферах. Технически всемирную паутину изобрели в 1989 г., а в 1993-м она стала доступна широкому пользователю. К 2001 г. большинство компаний и многие домохозяйства в той или иной форме имели доступ к сети, но он был недостаточным, дорогим и ненадежным. В большинстве случаев люди выходили в интернет из дома через соединявший компьютер и телефонную линию модем, который верещал, как банши из ирландского фольклора.

К счастью, по всему Соединенному Королевству постепенно распространялась гораздо более быстрая и в целом удобная альтернатива: высокоскоростная широкополосная связь. Для этого Блэр создал новое правительственное подразделение, которому было поручено стимулировать развитие рынка таких услуг. Как и в случае с любой новой технологией, в стране требовалось одновременно нарастить и предложение, и спрос. Рост предложения предполагал, что телекоммуникационные компании должны инвестировать в инфраструктуру, прокладывая кабели и запуская спутники, необходимые для расширения сети широкополосной связи в Великобритании. А чтобы увеличить спрос, нужно было убеждать бизнес и обычных людей переходить на новый тип связи и платить за него. Хотите верьте, хотите нет, но в то время к этой технологии относились скептически, и мои друзья и коллеги часто интересовались у меня: «А кому вообще нужна скорость выше 56 килобит в секунду?» или «Неужели кто-то будет смотреть видео в интернете?»

Столкнувшись с этой проблемой, новое правительственное подразделение начало набирать штат сотрудников, которые должны были способствовать внедрению высокоскоростной широкополосной связи и как можно более широкому распространению социальных и экономических выгод от недавно появившегося интернета. И мне как раз предложили работу в этом подразделении в качестве советника по вопросам выработки политической стратегии и спичрайтера его руководства.

Вы могли бы предположить, что, поскольку у меня был только один вариант трудоустройства, вопрос о том, соглашаться ли на эту работу, не должен был даже возникнуть. Но что-то меня останавливало. Должность, которую мне предложили, подразумевала лишь временный контракт на 11 месяцев. В нем не было прописано никаких льгот, зарплата была значительно ниже, чем я получал раньше, и не имелось никаких гарантий, что, когда он закончится, я получу постоянное место. Кроме того, я знал, что век новых правительственных подразделений часто оказывается недолог и их легко расформировывают по прихоти правящей партии.

Будучи человеком, которому нужно, чтобы все было четко и предсказуемо, я страдал из-за подобной неопределенности. От меня ждали конкретного ответа, а я все думал: а что, если через год я снова останусь без работы? Как паникер по призванию, я стал проигрывать в голове различные сценарии. Для начала я спросил себя, что бы сделал, если бы знал, что временная работа станет постоянной. Разумеется, я бы решил, что предложение нужно непременно принять. Затем я задумался об обратном. Каким был бы мой выбор, если бы я точно знал, что контракт закончится и меньше чем через год я снова стану безработным? Этот вопрос был посложнее. Но так как я уже, видимо, хотел просто выйти на работу и к тому же делать что-то на благо общества, в итоге я решил, что все-таки согласился бы. Это было для меня настоящим прорывом. Даже по-прежнему не представляя, что ждет меня в будущем, я склонился к тому, что охотно взялся бы за эту работу независимо от всего, что будет потом.

Думаете, я взял быка за рога и сказал им, что согласен? Ничто не мешало мне это сделать — и именно так и следовало поступить. Но нет. Я все тянул и тянул. Шли дни, а я не сообщал им о своем решении, продолжал откладывать. Менеджер по найму был невероятно терпелив — поначалу. Но было видно, что эта ситуация его все больше напрягает. В конце концов, после двух недель хождения вокруг да около я все-таки сказал «да».

Менеджер обрадовался, но было ясно, что я, даже не успев выйти на работу, уже подмочил свою репутацию. Это было не самое удачное начало нового этапа моей карьеры. Можно подумать, что я просто проявлял осторожность и что немного выждать было разумно. Но ведь я уже решил для себя, что с радостью соглашусь при любом сценарии. Так что с точки зрения логики медлить не имело смысла. По большому счету все это, наверное, и яйца выеденного не стоило, но тем не менее мое поведение было нерациональным. Возможно ли разобраться в произошедшем с помощью физики?

В момент принятия решения я находился в состоянии неопределенности. Передо мной было два пути, и я должен был решить, по какому из них пойти. До того момента, как я сделал выбор, оба пути были потенциально возможными. Физики называют подобную ситуацию суперпозицией. Этот термин используется для описания момента, в который что-то существует в двух или более состояниях одновременно. Представьте себе переворачивающуюся в воздухе монету. Пока она вращается, для квантового физика это не просто орел или решка; монета существует в состоянии суперпозиции, в котором она одновременно может выпасть и орлом, и решкой.

Наверное, самый известный пример, иллюстрирующий эту концепцию, — кот Шрёдингера. Речь идет не о настоящем коте, а скорее о гипотетическом, которого в 1935 г. придумал физик Эрвин Шрёдингер: кот заперт в коробке, в которой также лежит образец радиоактивного материала. Он состоит из миллионов нестабильных атомных ядер, каждое из которых в любой момент может претерпеть распад, спонтанно испустив порцию радиации. Если такое действительно произойдет, под действием радиации упадет молоток, разбив пузырек со смертельным ядом, который убьет кота. Шрёдингер задал вопрос: «Можно ли, не имея возможности заглянуть в коробку, сказать, жив еще кот или уже мертв?»

С классической точки зрения вполне естественно сказать, что кот должен быть либо жив, либо мертв, хотя мы и не знаем этого наверняка. Но в квантовой физике состояние частицы, пока за ней не наблюдают, нельзя определить с абсолютной точностью. Дело не в том, что мы не знаем, какое оно, это состояние, а в том, что мы *не можем* этого знать. Оно является неопределенным по своей природе. Поэтому Шрёдингер утверждал: пока коробку не откроют, кот существует в состоянии суперпозиции. Он *и* жив *и* мертв одновременно.

Кот Шрёдингера — один из важнейших мыслительных экспериментов квантовой физики, и мы к нему еще вернемся. Когда я размышлял, соглашаться мне на ту работу или нет, рядом со мной не было пузырька со смертельным ядом, как рядом с бедным котом, но я застрял в метафорическом состоянии суперпозиции. На мое решение почти наверняка влияли эмоции, предвзятость и другие неочевидные причины. Но мне не давал покоя еще один неоспоримый факт: все мы принимаем неверные решения.

* * *

Согласно оценкам, в среднем взрослый человек принимает около 35 000 решений в день. Большинство из них, конечно, мелкие и безобидные: по данным одного исследования, более 200 из них касаются только того, что съесть или выпить. Кофе или чай, «нет — шоколадке» и «да — яблоку». Другие решения более важны и касаются жизни и благополучия как нас самих, так и окружающих нас людей. Нанять человека с бо́льшим опытом или того, кто более ответственен? Пойти к врачу или подождать, пока само пройдет? Эти решения определяют нашу жизнь как на глубинном, так и на поверхностном уровне и обусловливают все наши поступки.

Какими бы ни были последствия наших решений, одно мы знаем наверняка: некоторые из них будут необъяснимыми не только для других людей, но даже для нас самих. Женатый мужчина рассказывает своему другу, что много лет назад у него был роман. Стоит ли ему признаться жене? Друг советует ничего не говорить: это было давно и ничего хорошего из его откровенности не выйдет. Мужчина кивает в знак согласия, а затем идет домой и выкладывает все супруге.

Наши на первый взгляд нерациональные решения касаются и вопросов глобального значения. Представьте себе двух людей с разными взглядами на изменение климата. Один из них считает, что в глобальном потеплении виноват человек, а другой не принимает антропогенный фактор всерьез. Как эти двое могут отреагировать, если представить им доказательства, подтверждающие рукотворный характер глобального потепления? Исследования показывают, что тот, кто согласен с общепринятой позицией, может укрепиться в своих убеждениях. А вот другой человек, уже с недоверием относящийся к данным науки, может воспринять наличие консенсуса как подтверждение существования заговора и пример группового мышления. Оба они видят одни и те же доказательства, но их представления сдвинутся в противоположных направлениях. Это явление известно как поляризация убеждений. Влияние нерационального решения одного человека в подобных вопросах может быть незначительным, но кумулятивный эффект от действий миллионов людей, ведущих себя подобным образом, окажется весьма существенным.

Более 100 лет когнитивные психологи разрабатывали модели, объясняющие, как и почему мы принимаем те решения, которые принимаем. В начале XX в. доминирующим направлением в психологии, по крайней мере в США, стал бихевиоризм. Бихевиористы считали, что все наши модели поведения были усвоены в результате взаимодействия с окружающей средой; это означало, что действия человека не более чем его реакция на внешние раздражители. Специалисты в этой области были менее заинтересованы в изучении разума, поскольку предполагали, что внутренние мыслительные процессы невозможно ни наблюдать, ни объективно измерить. Фактически они считали, что процесс познания устроен у людей и животных примерно одинаково.

Наверное, самым известным примером подобного подхода стали знаменитые собаки Павлова. В 1890-х гг. русский физиолог Иван Павлов исследовал, как при кормлении изменяется слюноотделение у собак. Он предполагал, что слюна начнет выделяться, как только перед собакой окажется еда. Однако ученый заметил, что слюноотделение начиналось и когда животные просто слышали шаги его помощника, который приносил им еду. Павлов обнаружил, что такую же реакцию вызывает любой предмет или событие, которые ассоциировались у собак с едой.

С конца 1950-х гг. бихевиоризм начал отступать под влиянием когнитивной революции. Проще говоря, появились исследователи, которые считали, что человеческий разум можно воспринимать как компьютер. Конечной задачей этого интеллектуального движения было изучить с помощью зарождавшихся в то время областей искусственного интеллекта, информатики и нейронауки процессы приобретения человеком знаний, понимания информации и принятия решений. В этой среде считалось, что люди и компьютеры обрабатывают данные одинаково: например, что мы получаем информацию, определенным образом преобразуем ее, храним, а затем извлекаем из памяти.

К началу 1980-х гг. когнитивный подход стал доминирующим направлением исследований в большинстве областей психологии, породив ряд теорий, которые можно назвать классическими моделями. Они применяются настолько широко, что сегодня мы воспринимаем их как нечто само собой разумеющееся. Классические модели познания основаны на некоторых очень простых допущениях, включая принцип неизбежности, аксиому коммутативности и формулу полной вероятности. Все эти три допущения кажутся совершенно логичными. Однако мы снова и снова видим примеры того, как «реальные» решения, которые мы принимаем, противоречат этим рациональным правилам.

Принцип неизбежности гласит, что если человек готов сделать что-то при любом исходе определенного события, то он должен быть готов сделать то же самое, даже если он не знает исхода этого события. Мой опыт решения вопроса с трудоустройством был примером этого подхода. Я с радостью принял бы предложение о работе, даже несмотря на потенциальную неопределенность в долгосрочной перспективе. Теоретически я не должен был сомневаться. Однако я все равно медлил, не соблюдая принцип неизбежности.

С годами было проведено несколько точно контролируемых экспериментов, в которых воссоздавались похожие ситуации, показывающие, что мы все принимаем подобные нерациональные решения. Давайте представим себе на минутку гораздо более простой выбор: ставить на орла или на решку. Допустим, вам предлагают сыграть в игру на следующих условиях. Если выпадет орел, вы получаете 200 фунтов стерлингов. Если решка, вы теряете 100 фунтов. Вы бы согласились? Предположим, что да. Тогда у вас есть две попытки. Как результат первой повлияет на ваше решение о том, стоит ли соглашаться на вторую?

В нескольких независимых исследованиях последних десятилетий такая гипотетическая игра из двух частей предлагалась испытуемым с тремя различными сценариями. Трети участников говорили, что результат первого броска они угадали. Трети — что не угадали. Оставшимся результат первого броска не сообщался.

Большинство (в среднем 69%) из тех, кому сказали, что они угадали, предпочли сыграть во второй раз. Это вполне логично. Им только что достались 200 фунтов, и неудачи они, скорее всего, не опасались. Их выигрыш мог удвоиться, и даже если бы во второй раз им не повезло, у них все равно было бы на 100 фунтов больше, чем вначале. Те же, кому сказали, что с первой попытки они не угадали, вели себя немного осторожнее, но все равно с большей вероятностью играли бы снова: 59% решались на вторую попытку — по сравнению с 69% в первой группе. И опять же, их ход мысли можно понять. Вероятно, расстроившись после первой неудачи, они хотели вернуть свои деньги.

Самые интересные результаты показали те, кто исход своей первой попытки не знал. Гораздо меньше участников, всего 36%, решились на вторую. Как это можно объяснить? Если большинство людей с радостью соглашались сыграть снова независимо от того, выиграли они до этого или проиграли, то они с той же радостью должны сыграть еще раз и не зная результата. Какая им разница? Тут снова кажется, что это нарушает законы логики, или «классической теории принятия решений», как ее называют психологи.

Второе допущение — это аксиома коммутативности, которая гласит, что порядок двух независимых событий не должен влиять на их соотношение. Многие из нас еще в школе учили, что $A + Б$ равно $Б + A$. В этом случае A и $Б$ можно буквально переставить, сложение «коммутативно»; от перемены мест слагаемых сумма не меняется. Это выглядит разумно и представляет собой одно из основных допущений классической теории познания. Порядок, в котором рассматриваются два независимых вопроса, А и Б, не должен иметь значения.

Хотя это и логично, но из личного опыта я знаю, что так бывает не всегда. Каждый день я забираю своего сына из школы и по дороге домой обычно спрашиваю его, хорошо ли прошел день и ел ли он овощи. В классических моделях познания порядок, в котором я задаю эти два вопроса, не должен играть никакой роли. То есть вероятность того, что мой сын ответит: «Да, день прошел хорошо» и «Да, я ел в обед овощи», должна быть такой же, как и вероятность того, что он даст те же ответы, если бы вопросы были заданы в обратном порядке.

Опыт же говорит мне об обратном. Если сначала я спрашиваю, хорошо ли прошел день, то сын обычно отвечает: «Да, хорошо». Затем он нехотя признается, что овощи тоже ел. Но если первый вопрос будет об овощах, то я вижу в зеркале заднего вида, как он тяжело вздыхает и отвечает уже совсем не так радостно: «Да, папочка, но они были невкусные». После этого на вопрос о том, как прошел день, как правило, поступает не вполне оптимистичный ответ.

Для моего сына любой день, когда он ел овощи, по определению менее удачен, чем тот, когда он их не ел, и я только что напомнил ему об этом факте. Другими словами, ответ на первый вопрос создает контекст, от которого зависит ответ на второй. Поэтому вероятность ответов «Да, день прошел хорошо» и «Да, я ел овощи» не обязательно равна вероятности ответов «Да, я ел овощи» и «Да, день прошел хорошо». Другими словами, $А + Б$ не обязательно равно $Б + А$.

Мой сын воспринимает необходимость есть овощи как трагедию, но в мировом масштабе эта проблема просто ничтожна. Однако, согласно экспериментам, порядок событий подобным образом сказывается на гораздо более серьезных вопросах. В 1980-х гг. компанией Gallup, занимающейся маркетинговыми исследованиями, был проведен опрос с целью изучения неприязни между людьми разных рас. Группе из 500 человек были последовательно заданы два вопроса, подразумевавшие ответ «да» или «нет»: «Как вы думаете, темнокожие недолюбливают белых?» и «Как вы думаете, белые недолюбливают темнокожих?» Другую аналогичную группу из 500 человек спрашивали то же самое, но в обратном порядке. Логично было бы ожидать в обеих группах одинаковых ответов. Но на самом деле испытуемые из второй группы, которых сначала спрашивали, недолюбливают ли белые темнокожих, чаще заявляли, что темнокожие не любят белых, но реже соглашались с тем, что белые не любят темнокожих.

Последнее допущение — формула полной вероятности: вероятность конкретного события равна сумме вероятностей всех взаимоисключающих способов, которыми это событие может произойти. Попробую объяснить попроще. Представьте, что вы планируете пикник и хотите рассчитать вероятность того, что вам помешает дождь. Согласно прогнозу погоды вероятность дождя составляет 70%. Чтобы не промокнуть, вы просите своего друга взять зонт. Однако полностью на него полагаться нельзя: он принесет зонт только примерно в 50%

случаев. Таким образом, вероятность того, что пикник будет сорван, равна 70% (пойдет дождь), помноженным на 50% (друг забудет зонт), что составляет 35%. Вы также можете рассчитать вероятность того, что пикник не будет сорван, сложив 30% (вероятность отсутствия дождя) и 35% (вероятность дождя, притом что друг не забыл зонт), что даст 65%. Формула полной вероятности гласит, что при сложении вероятностей всех возможных сценариев (в данном случае 35% плюс 65%) всегда получается 100%.

Звучит достаточно очевидно, но именно здесь мы часто ошибаемся. Известный пример — так называемая «проблема Линды», впервые описанная лауреатом Нобелевской премии психологом Даниэлем Канеманом в 1970-х гг. Представьте себе гипотетическую девушку по имени Линда, о которой известно, что она изучала философию в либеральном университете и активно участвует в антиядерном движении. С учетом этого какой из следующих двух вариантов более вероятен: «Линда сейчас работает в банке» или «Линда стала феминисткой и сейчас работает в банке»? Если выбрали второй вариант, вы не одиноки. В ходе бесчисленных экспериментов примерно 85% испытуемых ответили так же. Но этот ответ неверен, потому что вероятность того, что два события произойдут одновременно, всегда меньше или равна вероятности того, что одно из них произойдет в отдельности. Думать, что верно обратное, — нерационально.

Эти три допущения и другие, подобные им, лежат в основе современной когнитивной психологии, но, как показывают рассмотренные нами примеры, они не всегда позволяют объяснить результат, наблюдаемый в реальной жизни. Есть ли другой способ понять, что происходит?

* * *

За последние годы сложились новые представления, позволяющие понять причины наших внешне нерациональных решений и более точно их прогнозировать. Для объяснения предположительных парадоксов в процессе принятия решений психологи и когнитивисты обратились к другой сфере, неразрывно связанной с кажущимися парадоксами, сфере, основанной на неопределенности, где коты могут быть и мертвы и живы одновременно. Добро пожаловать в мир квантового познания — связующее звено между квантовой физикой и тем, как человек принимает решения, а также новую область исследований, которая расширяет границы нашего понимания этого процесса.

За более подробными разъяснениями я решил обратиться к одному из мировых экспертов в этой области. Питер Бруза — профессор Квинслендского технологического университета в Австралии, ученый-кибернетик, который много лет пытался разобраться, как работает человеческий разум, с помощью квантовой теории. Его книга «Квантовые модели познания и принятия решений»*, написанная в соавторстве с когнитивистом Джеромом Бусемейером, является основополагающей работой по этой теме.

Я позвонил ему по видеосвязи вечером по его времени в середине недели, и, к большому моему удивлению, он появился на экране в гавайской рубашке. Неужели так одеваются все научные работники в Австралии, изумился я, но оказалось, он только что вернулся

* *Quantum Models of Cognition and Decision*, Jerome Busemeyer, Peter D. Bruza, Cambridge University Press, 2012.

с похорон, на которых всех просили быть в яркой одежде. Убедившись, что Питеру удобно говорить, я попросил его помочь мне разобраться в этой области. Он начал наш разговор с воодушевлением, характерным для ученого со стажем:

> По самой своей природе принятие решений связано с неопределенностью. В своем сознании мы создаем представления о внешнем мире, и принятие решений по поводу этих представлений связано с вычислениями. В сущности, это и есть познание — то, как мы понимаем свой опыт и используем это понимание, чтобы рассчитать в уме, какой сделать выбор. Если в момент принятия решения вы находитесь в состоянии определенности, ваше решение будет отличаться от того, к которому вы пришли бы в состоянии неопределенности.

Понятие неопределенности находится в центре того, что значит принимать решения в сложно устроенном мире. Чтобы понять, какое отношение к этому имеет квантовая физика, нам нужно отправиться в мир элементарных частиц.

Как мы видели в предыдущей главе, более 300 лет назад Исаак Ньютон вывел принципиально новые законы, описывающие взаимосвязь между движением объектов и действующими на них силами. Тогда впервые появилась возможность рассчитать, как поведет себя, скажем, крикетный мячик при броске, как Луна вращается вокруг Земли и как ракета сможет до нее долететь. Эти законы блестяще объясняли наблюдаемую Вселенную, став моделью, которой люди следовали еще долгое время и продолжают следовать до сих пор. Законы Ньютона обеспечивали определенность.

Но, как мы опять-таки видели в предыдущей главе, в XIX в. ученые начали подвергать эту определенность сомнению. Даже в детерминированных системах незначительные изменения начальных условий могут приводить к совершенно иным результатам — сейчас это называют теорией хаоса. А в XX в. ученые постепенно приходили к выводу, что мир, в котором мы живем, далеко не так однозначен.

Возьмем тот же крикетный мячик. Вы держите его в руке, вы думаете, что он плотный, и так оно и есть. В любой момент времени вы теоретически можете знать, где он находится и с какой скоростью движется. Если оставить его на ночь под кроватью, то, если только кто-то или что-то не сдвинет его с места, можно с уверенностью утверждать, что утром он будет лежать там же, куда вы его положили.

Однако если посмотреть глубже, то окажется, что крикетный мячик состоит из многих миллиардов невидимых невооруженным глазом субатомных частиц — электронов, протонов, нейтронов. И поведение этих частиц настолько отличается от поведения самого мячика, что для его объяснения потребовалась новая теория. Так родилась квантовая физика — пожалуй, самая успешная на сегодняшний день научная теория. Она объясняет загадочные факты, которые невозможно было понять с помощью прежней, классической ньютоновской теории, и это достигается благодаря введению ряда абсолютно новых принципов.

Один из них — принцип неопределенности. В соответствии с ним частицы — в том числе и те, что содержатся в радиоактивном образце из мысленного эксперимента с котом Шрёдингера, — существуют в виде волн вероятности. И только в момент наблюдения (в случае с котом, когда открывают коробку) эта волна «коллапсирует» до определенного состояния, и мы видим, жив кот или мертв.

Я помню, как узнал о коте Шрёдингера, когда учился в школе. Часть моего мозга отказывалась верить в то, что все это реально. Это было похоже на абстрактный мысленный эксперимент, который имел смысл с математической точки зрения, но не имел никакого отношения к действительности. Как может что-то быть одновременно и волной, и частицей? Представьте мое изумление, когда учитель физики шаг за шагом привел мне реальные экспериментальные доказательства, которые свидетельствовали, что это не просто мыслительный трюк, а существует на самом деле.

Он не мучил никаких кошек, но рассказал нам об обычном опыте, который школьники всего мира изучают уже более века, — эксперименте с двойной щелью.

Для начала нужно представить себе стену с двумя одинаковыми параллельными щелями. Что произойдет, если вы начнете бросать в эту стену один за другим блестящие красные мячики для крикета? Многие из них отскочат, но некоторые пролетят через одну из щелей. Если за первой стеной поставить вторую, то мячики будут попадать и в нее. Если бы каждый удар крикетного мячика оставлял на второй стене красный след, что бы вы ожидали увидеть? Скорее всего, там появятся две полосы красных пятен, расположенные примерно вровень с прорезями в первой стене.

Теперь представьте себе тот же эксперимент, но вместо отдельных объектов, таких как пролетающие через две щели мячики для крикета, мы возьмем волны на воде. Представьте себе рябь, движущуюся по поверхности пруда.

Если бы эта волна столкнулась со стеной с двумя щелями, то она разделилась бы на две новые волны, каждая из которых прошла бы через одну из щелей и разошлась с другой стороны концентрическими кругами. Если бы щели находились достаточно близко, две волны, выходящие из них, столкнулись бы друг с другом. Пик, попавший на пик, увеличился бы, создав еще бóльшую волну, а пик, попавший на впадину, пропал бы. Это называется интерференционной картиной.

Оказывается, независимо от типа волн, проходящих через щели, картина всегда получается одна и та же. В 1801 г. британский ученый-энциклопедист Томас Юнг направил на ширму с двумя узкими щелями пучок света и наблюдал позади нее ту же интерференционную картину. Так происходит потому, что свет — тоже волна. Он проходит через обе щели, создавая две новые волны, которые интерферируют друг с другом.

Теперь давайте подумаем, что произойдет, если этот же эксперимент провести в гораздо меньшем масштабе, в квантовой области. Представьте, что стену обстреливают электронами — субатомными частицами на много порядков меньше крикетного мячика. Что произойдет? Чтобы упростить ситуацию, допустим, что стена имеет только одну щель и за ней также находится вторая стена. В этом случае картина, которую вы увидите на второй стене, будет похожа на ту, что наблюдается с мячиками для крикета: длинная полоса размером примерно с щель, через которую проходят электроны. Частицы и крикетные мячики ведут себя одинаково.

Однако, когда появляется вторая щель, начинают происходить странные вещи. Интуитивно кажется, что на второй стене появится еще одна полоса. Но нет. На ней возникает интерференционная картина, подобная той, что наблюдается при прохождении через щели волн на воде.

Когда этот эксперимент впервые был проведен в лаборатории, исходная гипотеза состояла в том, что разные электроны каким-то образом интерферируют друг с другом, если проходят через щели одновременно. Чтобы проверить это, ученые замедлили поток электронов так, чтобы вместо шквала частиц, массово проходящих через щели, в любой момент времени там пролетал буквально один электрон. Наверняка так исключалась любая возможность интерференции? Это было бы примерно как хлопок одной ладонью. И вот электроны вылетали один за другим, и на второй преграде невероятным образом появлялась... интерференционная картина.

Чтобы разобраться в происходящем, ученые разместили у щелей детекторы. Возможно, отдельные электроны каким-то образом разделялись на две части, проходили через обе щели, а затем интерферировали между собой? Невероятно, но как только детекторы были установлены, картина на выходе изменилась. Интерференция исчезла, а вместо нее появились две полосы, как в случае с мячиками для крикета. Когда детекторы убрали, интерференционная картина вернулась. Каким-то образом сам процесс наблюдения за электронами изменял их поведение. При включенных детекторах частицы вели себя как мячики для крикета. При выключенных — как волны.

Имейте в виду, что, в отличие от кота Шрёдингера, это не мысленный эксперимент. Это реальный опыт, который был проведен в лаборатории и может быть повторен любым человеком, имеющим доступ к довольно стандартному оборудованию. Благодаря этому простому эксперименту мы узнаем очень многое о красоте и причудливости квантового мира. Пока электрон не наблюдают, его положение невозможно определить точно. Он ведет себя как волна вероятности, способная взаимодействовать с другими электронами и накладываться на них, подобно ряби на пруду. В любой момент вы можете предположить, где окажется электрон, но не будете знать этого наверняка. Только когда электрон зафиксирован детектором, он занимает определенное положение и ведет себя как частица.

Рациональному уму такой исход кажется бессмысленным. Почему от того, что мы будем смотреть на частицу, ее поведение как-то должно измениться? Однако именно это и происходит.

* * *

Такова реальность квантовой физики. Квантовое познание, упомянутое ранее, описывает, что происходит, когда принципы квантовой теории применяются к когнитивным моделям. В основе этого лежит следующая догадка: процесс принятия решений, подобно процессам в квантовой вселенной, строится на неопределенности.

Чтобы разобраться в этом, снова рассмотрим пример с подбрасыванием монетки, где поведение участников, казалось бы, нарушало принцип неизбежности. Между этим экспериментом и экспериментом с двойной щелью есть ряд сходств. Ни тот ни другой не имеют смысла в рациональном, линейном мире, но они становятся более понятными, если обратиться к идее неопределенности.

Оба эксперимента допускают два возможных варианта развития событий. Для частицы это две траектории, которые определяются двумя щелями. Для бросающего монету — то, угадает он или нет с первой попытки.

И там и там выбранный вариант может быть известен или неизвестен. В случае с частицей это зависит от того, включен ли детектор. Когда бросают монету — от того, сообщили ли участнику результат первого броска.

И там и там, если выбранный вариант неизвестен, возникает суперпозиция, то есть состояние, в котором возможны обе реальности. Когда в суперпозиции находится частица, она ведет себя как волна. Когда это происходит с бросающим монету, вероятность того, что он решится на вторую попытку, ниже.

Оказывается, применяя к своим рассуждениям квантовую теорию, психологи могут, что просто поразительно, давать конкретные количественные прогнозы касательно человеческих решений. Во многих других науках это обычное дело, но вот в психологии — редкость; на протяжении долгих лет эта задача не имела решения в когнитивной науке. Как правило, для по-настоящему точного прогнозирования психологам не хватает знаний о глубинных причинах поведения людей.

В своем исследовании коллега Питера Брузы Джером Бусемейер проанализировал несколько давних психологических экспериментов, в которых квантовая теория точнее предсказывает результаты, полученные в реальной жизни. Давайте рассмотрим некоторые из них и снова начнем с опроса Gallup, в котором изучалась неприязнь между белыми и темнокожими и наблюдался эффект порядка, противоречащий аксиоме коммутативности. Половину участников сначала спросили, считают ли они, что темнокожие не любят белых, а затем — что белые не любят темнокожих. Другой половине задали те же вопросы, но в обратном порядке. Классические модели познания предполагают, что ответы должны быть одинаковыми независимо от последовательности. Но квантовая теория познания прогнозирует разницу в 10% — что, собственно, и наблюдалось.

Предсказательные возможности квантовой теории познания нашли применение и во многих других подобных задачах. За десять лет исследователи, работающие в этой области в Америке, изучили 72 опроса, проведенных компанией Pew по целому ряду политических суждений, например: «Довольны ли вы вашим президентом?» или «Считаете ли вы, что дела в вашей стране идут хорошо?» В каждом опросе участвовало по 1000 человек, причем половине из них вопросы задавали в одном порядке, а остальным — в противоположном. Прогнозы в рамках классической теории познания значительно отклонялись от наблюдаемых результатов, а квантовая теория предугадывала их почти в точности. Эти прогнозы были сделаны *априори*, то есть сформулированы до того, как указанные события произошли. Подобная предсказательная способность в общественных науках встречается крайне редко.

Хотя эти примеры кажутся очень абстрактными, квантовую теорию познания можно применить к реальным решениям, с которыми может столкнуться любой из нас. Описанная ранее проблема Линды — пример того, как присущие нам предубеждения иногда могут приводить к принятию нерациональных решений. В истории Линды все говорило в пользу того, что она, скорее всего, станет феминисткой, и люди поверили, что она с большей вероятностью будет работающей в банке феминисткой, чем просто работать в банке. В последние годы эксперты по квантовому познанию разработали эксперименты, позволяющие замерять влияние таких когнитивных отклонений на решения, которые человек принимает, основываясь иногда только на том, что ему кажется.

В одном из таких экспериментов, проведенном профессором психологии из Индианского университета Джеймсом Таунсендом, участникам показывали фотографии людей с лицами двух разных типов: узкими и широкими. На основании исключительно различий в форме лица им было предложено принять решение об одном из двух возможных вариантов действий, которые мы в рамках данного повествования назовем наймом и увольнением. Цель эксперимента заключалась в том, чтобы понять, какое из этих двух действий наиболее вероятно и при каких обстоятельствах. Однако в эксперименте была одна хитрость. Некоторых участников попросили принять решение сразу же. Других — сделать дополнительный шаг: сначала классифицировать лица как принадлежащие «хорошим» или «плохим» людям и только затем принять решение, как поступить.

Чтобы понять полученные результаты, для простоты рассмотрим, что происходило, когда участникам показывали изображения узких лиц. Среди тех, кто должен был принять решение сразу, 69% решали человека уволить, а 31% — взять его на работу. Непонятно, почему фото узкого лица побуждало большее число людей принимать решение об увольнении, но это тут не главное. Наиболее интересный вывод получается, если сравнить эти результаты с результатами участников, которых попросили сделать дополнительный шаг, сначала разделив лица на две группы. В этом случае, когда участникам показывали фотографии узких лиц, средняя вероятность того, что они уволят этого кандидата, а не примут его на работу, составляла всего 59%. Добавление дополнительного шага снижало вероятность увольнения на 10%.

Если рассматривать мозг как компьютер, выполняющий логические операции, то в этом нет никакого смысла. Вероятность того, что испытуемые примут решение об увольнении или найме, не зависит от того, сразу ли они его принимают или сначала относят лицо к категории хороших или плохих. Именно это предсказывают все классические модели познания. Но мы видим расхождение в результатах.

Как физика может помочь с этим разобраться? Давайте представим, что участники эксперимента — это квантовые частицы. Только вместо прохода через двойные щели их путь начинается с того, что они смотрят на показываемое им лицо и принимают решение, взять этого человека на работу или уволить его. Для тех, кого просят сделать выбор сразу, мыслительный процесс эквивалентен ситуации выключенного детектора, поэтому они находятся в суперпозиции. Но путь тех, кого сначала попросили разделить лица на две группы и лишь потом решать, эквивалентен ситуации наблюдения. Они уже не находятся в суперпозиции, их состояние определено. И оказывается, что, если применить к этому эксперименту модели квантовой теории познания, мы получим естественное объяснение наблюдаемым результатам. Это основанное на новаторских работах Бусемейера и Брузы исследование стало выдающимся научным достижением. Там, где классические модели познания терпят крах, квантовая объясняет результаты реального эксперимента с поразительной точностью.

* * *

Мир квантовой физики может казаться абстрактным и далеким от нашей повседневной жизни, но он таит в себе удивительные знания о том, как мы принимаем решения. Возможности классических моделей ограничены, поскольку они не учитывают неопределенность, присущую тому, как человек делает любой выбор. Квантовая теория познания позволяет более точно предсказывать влияние этой нашей особенности.

Я спросил Питера Брузу, как, по его мнению, квантовая теория познания поможет нам в будущем лучше принимать решения. Смогу ли я с помощью представлений квантовой физики оградить себя от нерациональных импульсов? «Один из главных плюсов квантового познания, — ответил мне он, — заключается в том, что оно дает нам некоторые методы моделирования человеческого мышления со всеми его недостатками; ведь в обычной жизни мы склонны быстро принимать решения, не имея под рукой всей необходимой информации, а квантовое познание — самый гибкий из известных мне подходов, позволяющих с этим разобраться».

Возвращаясь к моей дилемме о том, соглашаться ли на предложение о работе, теперь я понимаю, что находился в метафорической суперпозиции, не зная, по какому из путей пойти. Квантовая теория познания учит нас распознавать это состояние неопределенности и использовать его с выгодой для себя. Я мог бы не рассматривать решение как бинарный выбор с правильным и неправильным ответом, а признать вероятность различных исходов и подготовиться к нескольким сценариям. Это означало бы, что я спокойнее относился бы к неизбежной неопределенности, меньше сомневался и не затягивал с решением.

Знай я в то время о принципах квантового познания, я мог бы также разработать стратегию, учитывающую возможность того, что моя работа не станет постоянной. Я мог бы поставить себе конкретные цели на 11 месяцев и определить этапы их достижения, чтобы получить ценный опыт и связи, тем самым улучшив свои перспективы, независимо от того, продолжу ли я потом работать в этой должности. Поменяв ход мысли таким образом, я бы уже не так сильно боялся неопределенности и получил бы возможность действовать более решительно.

В квантовом мире частицы могут существовать в нескольких состояниях одновременно, другими словами, в суперпозиции. Квантовая теория познания говорит, что, принимая решения, мы тоже часто находимся в подобной суперпозиции. Поэтому нам нужно стараться не делать выбор лишь потому, что нам кажется, что то или иное событие обязательно произойдет. Учет взаимосвязей разных возможностей способствует более тонкому пониманию риска и выгоды. Квантовая механика утверждает, что на состояние частицы влияет сам факт наблюдения. В случае людей, принимающих решения, это означает, что такие простые изменения, как порядок задаваемых вопросов, могут приводить к разным ответам.

«Интересно то, что, хотя мы иногда и ошибаемся, принимая нерациональные решения, эти ошибки не настолько критичны, чтобы мы из-за них исчезли как вид, — говорит Бруза. — Мы даже смогли построить несколько замечательных цивилизаций. Возможно, наши познавательные способности ограничены, возможно, мы поступаем нерационально, но в чем-то мы определенно на верном пути».

Как показывают примеры вроде того, где муж не может решить, признаваться ли ему в измене или нет, люди инстинктивно улавливают смысл квантовой теории познания, сами того не осознавая. В тот момент, когда мы понимаем, насколько сложно то, что мы делаем, наш мыслительный процесс, как правило, заклинивает. И снова на результат тут влияет наблюдение. Но если мы будем активно брать на вооружение квантовое познание, то сможем выйти за рамки традиционных моделей принятия решений. Уроки квантовой физики дают нам возможность лучше ориентироваться в сложных ситуациях и в итоге делать более удачный выбор.

Глава 3

Физика обладания меньшим

Несколько лет назад исследователи из Йельского университета* собрали группу маленьких детей и дали им простое задание: разделить десять золотых монет между двумя людьми в зависимости от того, как те написали тест. Имена этих двоих мне неизвестны, но допустим, их зовут Энди и Бетти. О цели эксперимента детям ничего не сказали. В первый раз им сообщили, что Энди и Бетти справились с тестом одинаково хорошо. Поразмыслив, дети, как и следовало, выдали каждому по пять монет. Справедливо и поровну. Во второй раз Бетти справилась с тестом немного лучше, чем Энди. И тогда дети решили дать Бетти шесть монет, а Энди — только четыре. Не поровну, но все же, видимо, справедливо. В последнем сценарии организаторы сказали, что Энди и Бетти снова показали

* Деятельность организации признана нежелательной на территории Российской Федерации. — *Прим. ред.*

одинаковые результаты в тесте, но на этот распределить нужно было 11 монет. Ломать монету пополам не разрешалось, поэтому избежать ситуации, когда Бетти и Энди получили бы неравное количество монет, возможности не было. Что же сделали дети? Они попросту выбросили лишнюю монету, а оставшиеся десять разделили поровну.

Безо всякой предварительной подготовки дети продемонстрировали фундаментальную склонность к справедливости: желание либо разделить награду поровну, либо, когда это, по их мнению, заслуженно, не поровну, но справедливо. Они осознавали, что неравенство может быть справедливым и что несправедливость должна волновать нас больше, чем неравенство. Как показывает этот эксперимент, способность к проведению таких различий закладывается в раннем возрасте и имеет глубокие корни.

На первый взгляд, равенство и справедливость — синонимы, но между ними есть важные различия. Чтобы разграничить эти понятия, физик мог бы рассмотреть Вселенную в самые первые моменты ее существования, ведь равенство и справедливость появились именно тогда. Менее чем через миллиардную долю секунды после Большого взрыва Вселенная находилась в состоянии идеального «равенства», представляя собой сингулярность бесконечной плотности и температуры, где все, что было, и все, что будет, существовало как идеально однородная точка. Все и повсюду было одинаковым.

Почти сразу любой, кто оказался бы рядом и мог наблюдать за происходящим, заметил бы, как начинают проявляться различия. Внутри этой однородной массы возникли мельчайшие квантовые флуктуации. В некоторых областях Вселенной энергии и тепла стало больше, чем в других. По мере ее расширения эти сгустки произвольно распределенных ресурсов достигали значительных размеров, что в итоге привело к формированию звезд, галактик, планет и в конечном итоге самой жизни.

Чуть дальше в этой главе мы углубимся в изучение этих квантовых флуктуаций и последующего формирования космических структур. Но сначала давайте рассмотрим природу неравенства в мире людей. В обществе оно может возникать разными путями: пол, возраст, сословная принадлежность, ограниченные возможности, этническое происхождение, религия, сексуальная ориентация, доступ к технологиям, наличие перспектив. Это сложная смесь. Однако в основе многих из этих факторов лежит имущественное положение.

Имущественное неравенство принимает различные формы. Если сравнивать развивающиеся страны с более богатыми, то, безусловно, там существует крайняя бедность, однако в последние годы наблюдается резкий рост неравенства и *внутри* государств. В 1980 г. на такое внутреннее неравенство приходилось менее половины общемирового имущественного неравенства. К 2020 г. этот показатель вырос до двух третей, и во многих обществах это усугубляется быстрым ростом доходов у верхних слоев и хроническим застоем у остальных. С 2013 по 2023 г. и число миллиардеров в мире, и их общее состояние удвоились, так что 52% мировых доходов приходится теперь на 10% самых богатых жителей планеты. Между тем во многих местах жизнь простых людей становится все тяжелее: по данным международного объединения Oxfam, в 2022 г. по меньшей мере 1,7 млрд работников жили в странах, где темпы инфляции были выше темпов роста заработной платы.

И что в результате? Там, где домохозяйства с высоким и низким уровнем дохода не равны в том, что касается, скажем, доступа к образованию, здравоохранению или цифровым технологиям, дети из бедных семей изначально оказываются в невыгодном положении, выбраться из которого становится трудно, а то и вовсе невозможно.

Из-за этой огромной пропасти между богатыми и бедными, живущими бок о бок, в том числе в некоторых из самых богатых обществ на Земле, изменилось наше восприятие несправедливости — она стала более заметной и ощутимой.

* * *

На протяжении всей моей жизни у меня было много возможностей, и мне невероятно везло. Я родился в богатой стране в семье из среднего класса. Но это не означает, что я никогда не испытывал несправедливости и неравенства. Так было, например, после моего расставания с управленческим консалтингом.

Мой первоначальный 11-месячный контракт с правительственной организацией в итоге стал постоянным, и до тридцати лет я трудился на госслужбе. Это был прекрасный работодатель, а я очень гордился тем, что делаю, и чувствовал значимость своих усилий. Я также знал, что по сравнению с большинством работающих британцев с точки зрения зарплаты у меня все хорошо. Но одновременно я отчетливо понимал, насколько огромна разница в окладах между мной и моими коллегами и знакомыми в сфере консалтинга. Они теперь получали шестизначные суммы и могли позволить себе одежду, машины и квартиры стоимостью на порядок больше. Кроме того, они могли получать со своих денег доход, инвестируя в ценные бумаги и скупая активы, что еще сильнее увеличивало разрыв между нами.

Я им завидовал, хотя и не горжусь этим. А еще я злился. Работа, которую я выполнял в качестве госслужащего, была, с моей точки зрения, не менее важной и не менее сложной, но получал я за нее меньше. Мне, неуверенному в себе молодому человеку, это казалось несправедливым. И пока я справлялся с этими своими мелкими переживаниями, я стал замечать, что тема несправедливости и неравенства, похоже, присутствует вокруг меня постоянно. В 2005 г. я работал в Министерстве международного развития, британском правительственном учреждении, чьей задачей было искоренение бедности по всему миру. Вопросы глобальной справедливости и равенства занимали мои мысли в ежедневном режиме.

Это особенно относилось к трем дням в июле 2005 г., трем дням невероятных достижений и потерь. Все начиналось очень хорошо. На 117-й сессии Международного олимпийского комитета в Сингапуре Лондон был выбран местом проведения летней Олимпиады 2012 г. После многолетних неудачных попыток столица Великобритании обошла конкурентов — Мадрид, Москву, Нью-Йорк и Париж — и стала первым городом, который удостоился чести принимать у себя Олимпийские игры трижды. Вместе с коллегами мы смотрели объявление итогов голосования по телевизору прямо в офисе. Меня, как уроженца Лондона, переполняли гордость и счастье. Это был хороший пример неравной справедливости. Все победить не могут: принимать Игры может только один город. Но так как процесс отбора был четко прописанным и непредвзятым, никаких претензий не возникало. Это было 6 июля 2005 г.

На следующее утро я вышел из своей квартиры в Хаммерсмите на западе Лондона, собираясь поехать на работу на автобусе. Прождав на остановке больше 45 минут, я в конце концов потерял надежду и пошел пешком. И только добравшись до офиса, я узнал, что произошло. Три террориста-смертника привели в действие взрывные устройства в лондонском метро, а четвертый — в автобусе на Тависток-сквер в центре города. Погибли 52 человека, еще 700 получили ранения. Как и в случае с большинством терактов, совершенных террористами-смертниками, кому-то повезло меньше, кому-то больше. Жертвой мог стать любой, кто в тот день ехал в утренний час пик по Кольцевой линии, по линии Пиккадилли или на автобусе № 30. В этом смысле все пассажиры были равны, но это никак не искупало ту чудовищную несправедливость, которая выпала на долю некоторых из них.

И в это же самое время взоры всего мира были прикованы к фешенебельному отелю в нескольких сотнях километров к северу от Лондона, в шотландском Глениглсе, где проходила встреча лидеров стран «Большой восьмерки». Великобритания как страна, принимающая саммит, объявила, что он будет посвящен решению проблемы глобальной бедности. Я возлагал на его результаты огромные надежды. На протяжении двух лет до той недели моя работа в министерстве заключалась в том, чтобы помогать формулировать для многих дискуссий в Глениглсе новые идеи, включая глобальную стратегию Великобритании по вопросу образования девочек, который считается ключевым для экономического развития. К моменту начала саммита результаты моей двухлетней работы были отредактированы, согласованы и сведены всего к одной строчке: «Мы гарантируем всеобщее начальное образование всем детям в странах Африки южнее Сахары».

Разумеется, я был не одинок в своем желании бороться с бедностью во всем мире. Благодаря целенаправленной работе активистов, к 2005 г. проблема бедности как экзистенциальной угрозы стояла как никогда высоко в общемировой повестке дня. За неделю до саммита в Эдинбург со всего мира прибыло более 200 000 энтузиастов борьбы с бедностью, которые собирались принять участие в масштабной акции протеста, окружив город цепью из людей в знак солидарности с неимущими всего мира.

О масштабах проблемы можно было судить по масштабам предлагаемых решений. Чтобы достигнуть сформулированной в Декларации тысячелетия цели по борьбе с бедностью — к 2015 г. вдвое сократить долю населения земного шара, имеющего доход менее одного доллара в день, — по расчетам ООН, в 2006 г. необходимо было увеличить объем помощи на 70 млрд долларов, а к 2010 г. — на 90 млрд. Выделение подобных сумм требует скоординированных действий богатейших стран мира. Поэтому можно было предположить, что делегатам не станут мешать заниматься их важной работой.

Но бедность — тема эмоциональная, и соответствующий гнев очень легко распространился на гостей саммита, многие из которых представляли страны и организации, чья политика воспринималась как часть проблемы. Сама встреча, казалось, стала воплощением несправедливого неравенства, возмущавшего столь многих людей. Как свидетельствует сайт отеля в Глениглсе в 2023 г., в тот месяц, когда я пишу эту главу, недельное проживание в самом дешевом номере с завтраком обошлось бы обычному туристу дороже 5600 фунтов стерлингов.

8 июля на саммите произошли события, которые местные жители описывали как «исполненные насилия и хаотичные». Из-за сидячих протестов и демонстраций были перекрыты дороги. Сотни протестующих прорвались сквозь полицейские кордоны, и для борьбы с уличными беспорядками вертолетами были переброшены подразделения особого назначения. Чтобы изолировать делегатов от внешнего мира, по периметру отеля было установлено 84 км ограждений, а на дежурстве или в режиме ожидания находилось чуть менее 11 000 сотрудников силовых органов. В общей сложности полицейская операция по защите саммита — самая масштабная и дорогостоящая из когда-либо проводившихся в Великобритании — обошлась в 72 млн фунтов стерлингов. Именно в таких условиях несколько самых могущественных мужчин (а все они были мужчинами) в мире должны были обсуждать проблемы, с которыми сталкивается остальная часть населения планеты.

Тем не менее следует сказать, что не все надежды, возлагавшиеся на саммит, были полностью обмануты. Наряду с другими мерами 18 беднейшим африканским государствам были списаны все долги. Участники обещали выделить на поддержку экономики развивающихся стран 28 млрд фунтов стерлингов. Члены ЕС, входящие в «Большую восьмерку», взяли на себя обязательство к 2015 г. довести объем помощи другим странам до 0,7% от ВВП. Наконец, «восьмерка» одобрила ту единственную строчку, которую помог написать я. Согласно оценке объединения Oxfam, для развития, особенно в странах Африки, на этой встрече было сделано больше, чем на любом другом саммите G8 до этого.

Но «больше» — понятие относительное. Это лучше, чем «ничего», но все же, по сравнению с тем, чего было необходимо добиться по мнению ООН, обещания, данные в Глениглсе, по расчетам, позволяли сделать только половину. По мнению активистов, многое из обещанного не было осуществлено. Например, большинство стран-доноров не увеличили объем помощи до 0,7% от ВВП к 2015 г. Несмотря на обязательство обеспечить всеобщий доступ к лекарствам от ВИЧ/СПИДа к 2010 г., в странах с низким и средним уровнем дохода без жизненно необходимой антиретровирусной терапии осталось более 3 млн человек. Долги беднейших стран оказались списаны не полностью. Эти недостигнутые цели едва ли способствовали охлаждению гнева критиков саммита.

Спустя почти 20 лет в связи со встречей, которая могла бы навсегда изменить мир, вспоминают в основном то, что президент Джордж Буш — младший упал с велосипеда, когда попытался помахать полицейским.

* * *

Несмотря на то что за годы работы в области международного развития я наблюдал определенный прогресс в этих вопросах, иногда мне казалось, что стоящая перед нами задача просто невыполнима. Самый большой фактор, сдерживающий прогресс, — неравенство. Несправедливое неравенство. Как я уже говорил, несправедливость и неравенство — это не одно и то же. Под неравенством мы понимаем не только тот простой факт, что у кого-то чего-то больше, а у кого-то меньше. Мы говорим о накоплении богатств и власти в руках немногих людей, которые не собираются с ними расставаться и пытаются захапать еще больше. Это несправедливо, и именно это злит людей.

Неравенство доходов также вызывает недовольство у населения. Малое число могущественных магнатов оказывают непропорционально сильное влияние на политическую систему, действуя, как правило, в своих интересах, а не в интересах широких слоев общества. Обостряющееся недовольство подпитывает преступность и другие социальные проблемы. Из-за ограниченного доступа к важнейшим услугам, таким как образование и здравоохранение, люди с меньшей вероятностью приобретают навыки, которые им пригодились бы, что снижает их шансы на экономическую и социальную мобильность и замедляет экономический рост. Основной удар приходится на слои, уже обособленные по признаку расы, сексуальной ориентации или гендера. Растущее среди населения ощущение собственной уязвимости может стать благодатной почвой для дискриминации, авторитаризма и крайнего национализма. В 2018 г., который оказался 12-м годом непрерывного снижения уровня свободы в мире, в 71 стране наблюдалось сокращение объема политических и гражданских свобод.

Так что с неравенством явно нужно что-то делать. Но, как показывает опыт многих неудачных эгалитаристских политических движений, добиться равенства не так-то просто. Кроме того, как мы видели в эксперименте с монетами, иногда люди предпочитают несправедливому неравенству справедливое. Первый шаг тут — решить, как нам различать эти два понятия. Как правило, мы чувствуем несправедливость, когда нарушается какой-то принцип справедливости. Не несправедливо, если на работе с кем-то происходит несчастный случай, который нельзя было предотвратить; несправедливо, если работодатель в целях экономии намеренно не обеспечивает необходимые средства защиты. То, что работникам на некоторых должностях платят больше, чем другим, не обязательно несправедливо; но несправедливо, когда более обеспеченные люди устраивают все так, чтобы низкооплачиваемым работникам, как бы упорно они ни трудились, было никогда не добиться благополучия.

В своей книге «Американское общество: Как оно устроено на самом деле»* социологи Эрик Олин Райт и Джоэл Роджерс пишут, что для анализа неравенства необходимо вынести два суждения: моральное (что неравенство несправедливо), а затем социологическое (что эту несправедливость можно устранить). Плюс к тому — четырехэтапная оценка: кто чего заслуживает, какие виды неравенства оправданны, какие виды неравенства нарушают принципы справедливости и что нужно сделать, чтобы устранить несправедливость. Такой анализ должен проводиться не только по моральным соображениям, но и потому, что, когда люди воспринимают что-то как несправедливое, они с большей вероятностью поддержат усилия, направленные на то, чтобы поменять ситуацию. Несправедливость, которая вызывает в нас гнев, часто существует потому, что кто-то где-то мог бы ее устранить, но не делает этого.

Так что неравенством, безусловно, необходимо заниматься, но делать это нужно осторожно и вдумчиво.

* *American Society: How It Really Works*, Erik Olin Wright, Joel Rogers, W. W. Norton & Company, 2011.

И здесь может пригодиться физика — ведь, как уже говорилось в начале этой главы, если бы не было неравенства, Вселенная в том виде, в котором мы ее знаем, просто не существовала бы. Чтобы понять почему, давайте познакомимся с величайшим физиком XX в.

* * *

Я представляю себе Альберта Эйнштейна сидящим в школьном классе в Ульме, городе в королевстве Вюртемберг, и изучающим многие из тех же физических принципов, что и я в детстве. Как и я, он точно корпел над тремя законами движения Ньютона. Как и мне, ему наверняка рассказывали о законе всемирного тяготения Ньютона, который гласит: все объекты во Вселенной притягиваются друг к другу. Но если я принимал идеи Ньютона без вопросов, то у юного Эйнштейна что-то не сходилось. Если верить Ньютону, воздействие гравитации распространяется мгновенно. Другими словами, если бы Солнце внезапно исчезло, все планеты Солнечной системы сразу же ощутили бы отсутствие его гравитационного притяжения и, предположительно, начали бы дрейфовать в космосе. Но для будущего ученого такое представление было несовместимо с тем, как он воспринимал Вселенную.

В 1905 г. Эйнштейн опубликовал статью «К электродинамике движущихся тел» (Zur Elektrodynamik bewegter Körper), содержание которой известно нам теперь как специальная теория относительности. Там было сформулировано несколько революционных идей, включая знаменитое уравнение $E = mc^2$, которое означает, что энергия объекта (E) равна его массе (m), помноженной на квадрат скорости света (c). В этой работе также постулировалось, что скорость света в вакууме является фундаментальной константой. Другими словами, она всегда одна и та же. Независимо от того, где вы находитесь во Вселенной и с какой скоростью движетесь, измерив скорость света, вы всегда получите один и тот же результат, а именно гигантскую величину в 299 792 458 м/с. За прошедшие годы было проведено множество экспериментов, которые подтвердили правоту Эйнштейна.

Крайне важно, что одним из следствий постоянства скорости света является то, что ничто во Вселенной не может двигаться быстрее него. Вселенная имеет жестко установленное ограничение скорости. И здесь кроется то, что не устраивало Эйнштейна в теории всемирного тяготения Ньютона: если ничто не может двигаться быстрее света, то как может гравитация распространяться мгновенно? Гравитация тоже должна подчиняться скоростному ограничению Вселенной. Это означает, что, если бы Солнце исчезло в один миг, мы бы не ощутили отсутствие его притяжения сразу. На это ушло бы не менее восьми минут: именно столько времени требуется свету, чтобы добраться от Солнца до Земли.

Столкнувшись с этой проблемой, Эйнштейн принялся за разработку новой теории гравитации — такой, которая позволила бы примирить принципы относительности с силой всемирного тяготения. После десяти лет интенсивной работы ученый представил свое новое достижение, известное как общая теория относительности. Целью Эйнштейна было понять, как на самом деле работает гравитация. Что в реальности происходит с Землей, вращающейся вокруг Солнца, или с яблоком, падающим с дерева?

Чтобы ответить на этот вопрос, Эйнштейну понадобилась новая модель. Представьте себе большой барабан с хорошо натянутой мембраной. Если пустить по ней маленький стеклянный шарик, то он, скорее всего, будет двигаться по прямой. Теперь представьте, что в центр барабана помещен тяжелый шар для боулинга. Из-за него мембрана, скорее всего, растянется, и на поверхности образуется впадина. Что произойдет теперь, если по барабану пустить маленький шарик? Покатится ли он все так же по прямой? Нет, скорее всего, его траектория станет искривленной. Если бы шарик имел достаточно высокую скорость, он мог бы даже сделать полный оборот как бы по эллиптической орбите. Другими словами, без какого-либо прямого контакта шар для боулинга самим своим присутствием изменяет траекторию и характер движения стеклянного шарика.

Эйнштейн видел в этой простой модели отличную аналогию тому, как работает гравитация. Представьте, что мембрана на барабане — это ткань пространства-времени, а шар для боулинга — звезда, подобная нашему Солнцу. Тогда стеклянный шарик будет Землей. Присутствие Солнца растягивает и искривляет ткань пространства-времени, тем самым изменяя траекторию Земли и заставляя ее двигаться по орбите. То же самое происходит и с падающим яблоком: Земля растягивает ткань пространства-времени, влияя тем самым на характер движения яблока. Эйнштейн пришел к выводу, что материя указывает пространству, как растягиваться, а пространство затем указывает материи, как двигаться. Именно так работает гравитация, и, опять-таки, за прошедшие с тех пор годы эта теория Эйнштейна была подтверждена многими экспериментами.

Общая теория относительности Эйнштейна не только обеспечила более глубокое понимание гравитации, но и открыла дорогу к новой модели строения всего космоса. До появления общей теории относительности физики считали, что размеры Вселенной постоянны. Но уравнения Эйнштейна показали, что это невозможно: Вселенная должна расширяться. А если это так, значит, чем глубже в прошлое, тем меньше должна была быть Вселенная. И если вернуться достаточно далеко назад, Вселенная должна была начаться с чрезвычайно компактного и горячего состояния — с того, что мы сейчас называем Большим взрывом.

Благодаря общей теории относительности физики смогли установить, что Вселенная возникла примерно 13,8 млрд лет назад как единственная точка с бесконечной плотностью и температурой.

В этот момент все, что было, и все, что будет, существовало в виде сингулярности: бесконечно малой, бесконечно плотной, идеально однородной точки. На краткий миг Вселенная была совершенно упорядочена, все везде было одинаковым. Повсюду царило абсолютное равенство. В детерминированной Вселенной, где ничто не нарушало бы такой порядок, это могло бы продолжаться бесконечно. Но природа нашей Вселенной не такова.

Как мы уже видели, в квантовом мире не существует такого понятия, как определенность. Невозможно одновременно знать точное положение и скорость элементарных частиц; они существуют как волны вероятности. В повседневном макроскопическом мире мы не ощущаем этой квантовой неопределенности. Но в ранней Вселенной она имела огромное значение. Даже то, что мы считаем вакуумом, в квантовой физике не является по-настоящему пустым. Неопределенность приводит к спонтанным колебаниям энергии, из-за которых появляются и исчезают частицы. Эти кратковременные явления известны как квантовые флуктуации. В первые моменты существования Вселенной они приводили к крошечным различиям в уровнях энергии. Хотя относительно эти отклонения были невероятно малы — не более 0,003%, — стремительное расширение Вселенной в тот же момент времени привело к закреплению и резкому усилению этих флуктуаций.

Вопреки распространенному мнению, Большой взрыв — это не взрыв материи, которая расширилась и заполнила пустое пространство. Это расширение бытия. В результате Большого взрыва образовалось и растянулось само пространство. По мере расширения Вселенной энергия устремлялась во все стороны со скоростью света, в миллион раз быстрее, чем ударная волна при взрыве водородной бомбы.

Гравитация в ранней Вселенной была настолько сильной, что даже свет не мог вырваться наружу. Только через примерно 300 000 лет, когда мироздание наконец остыло до все равно умопомрачительных 3000 °C, начали формироваться первые атомы химических элементов, а свет стал свободно распространяться по стремительно расширяющейся Вселенной. Сегодня тот свет все еще виден астрономам с Земли как космическое реликтовое излучение — по сути, эхо или «ударная волна» Большого взрыва.

Еще через 100 млн лет крошечные изменения, вызванные квантовыми флуктуациями, привели к образованию очагов энергии и материи. С увеличением плотности материи в этих очагах усилилась гравитация. Сильная гравитация привела к сосредоточению газов и в конечном счете к придавливанию атомных ядер друг к другу, что запустило процесс ядерного синтеза. При этом высвобождались свет, тепло и энергия. Так родились первые звезды.

Поначалу эти первые звезды были распределены примерно равномерно. Но они, как и вся материя, притягивались одна к другой. Прошло еще несколько сотен миллионов лет, и звезды — не говоря уже обо всем остальном, что носилось вокруг в виде межзвездной пыли и газа, — образовали гигантские скопления, которые мы называем галактиками. По мере формирования галактик промежутки между ними становились все больше.

Промотаем вперед на несколько миллиардов лет, и вот Вселенная уже состоит из огромных пустот с низкой плотностью материи, изредка перемежающихся чрезвычайно плотными областями. Галактики, облака пыли и темной материи, останки мертвых звезд и зародыши новых, радиационные смерчи и гравитационные волны — все это разделялось участками пустоты шириной в миллионы световых лет. На космических масштабах во Вселенной происходило либо много чего, либо практически ничего. Промежуточных состояний почти не встречалось.

Звезды синтезировали в своих недрах все более тяжелые элементы. А когда они в конце концов умирали, то взрывались сверхновыми, выбрасывая обратно в пустоту все эти элементы, которые дополняли богатую смесь распыленной по космосу материи. И снова одни области оказывались плотнее других, и снова останки звезд стягивались воедино. Появлялись новые звезды, в том числе наше Солнце, а в конце концов начали образовываться твердые объекты, называемые планетами.

И по крайней мере на одной из известных нам планет — той, на которой мы с вами живем, — сложились условия для зарождения жизни.

Таким образом, именно благодаря мельчайшим случаям неравенства в ранней Вселенной — крошечным различиям в уровнях энергии, плотности и гравитации, не превышавшим плюс-минус 0,003%, — возник тот мир, который мы знаем сегодня. Если бы эти начальные различия были гораздо меньше, то во Вселенной не было бы вообще никакой структуры: ни звезд, ни планет — все было бы однородным. И уж точно там не было бы жизни. А если бы эти различия были намного больше, то Вселенная была бы очень недолговечной, потому что плотные области оказались бы настолько плотными, что превратились бы в черные дыры — сгустки материи такой плотности, что даже свет не смог бы вырваться из их гравитационных объятий. Вселенная давно бы схлопнулась обратно.

Именно поэтому нашу Вселенную часто называют Вселенной Златовласки: не слишком плотной и не слишком разреженной, но именно такой, какая нужна для формирования структуры и жизни. Нам очень повезло, что Вселенная началась с неравенства и что оно сохраняется в ней по сей день. Мы прошли путь от газообразной массы до вселенского скопления миллиардов звезд, до галактик и планет, до одной конкретной планеты и зарождения на ней жизни.

* * *

Одна из форм этой жизни, представляющая для нас в этой главе особый интерес, — Адриан Бежан. Он родился в 1948 г. на берегу реки Дунай в Румынии, а сейчас является специалистом в области инженерных наук и преподает в Университете Дьюка в Северной Каролине. Кроме того, он один из ведущих мировых экспертов по термодинамике и тем самым фундаментальным законам физики, согласно которым происходило расширение Вселенной.

Прежде чем стать физиком, Бежан жил в стране, которой управлял Николае Чаушеску, один из самых жестоких диктаторов-сталинистов, порожденных восточноевропейским коммунизмом после Второй мировой войны. Как и все коммунистические страны, Румыния должна была быть раем для рабочих, живым упреком загнивающему Западу — образцовым обществом, где никто ни в чем не испытывал недостатка. Обществом, где одновременно царили справедливость и равенство. По словам Бежана, на практике это означало, что все были одинаково бедны и одинаково лишены свободы. Нельзя было говорить ничего, что противоречило бы официальному мнению.

«Когда я родился, 70% жителей Румынии составляли крестьяне, а они были в основном неграмотны, — вспоминает Бежан. — В их числе был и мой отец. Если кто-то в его деревне и учился в школе, то только до четвертого класса».

Еды не хватало, мяса в магазинах практически не было. Отец Бежана, ветеринар, решил разводить в подвале кур и снабжал яйцами соседей и друзей, у которых почти не было других источников белка. Ученый рассказывал:

> Его друг, инженер-электрик, сконструировал для него инкубатор размером со шкаф. А еще у него был световой ящик размером с коробку из-под салфеток. Внутри была лампочка и круглое отверстие, снаружи напротив которого он ставил яйцо. Свет проходил через яйцо,

> и мы могли наблюдать за ростом эмбриона. Мы видели, как на внутренней стороне яичной скорлупы формируются и разветвляются первые кровеносные сосуды.

Кровеносные сосуды разветвлялись и расходились во все стороны от начального «узла», которым был живой эмбрион. Эта картина странным образом напоминала нечто другое, вокруг чего вращалась жизнь молодого Бежана.

Семья жила недалеко от дельты Дуная, где река впадает в Черное море через множество все более узких протоков: «Каждую весну после оттепели наступает половодье. Я часто ходил на реку рыбачить. И однажды обнаружил, что она переместилась. На старом месте ее уже не было. Река жила своей жизнью. Она дышала».

В конце концов Бежан провел эту параллель, даже не осознавая всей ее значимости: кровеносные сосуды на скорлупе яйца, внутри которого рос эмбрион, напоминали своими очертаниями дельту Дуная: «Абсолютно такая же структура. Так устроена жизнь, будь то жизнь животного или реки».

Перенесемся на несколько десятилетий вперед. Благодаря своему дяде отец Бежана смог продолжить обучение после третьего класса. Дядя отвез его в школу-интернат в большом городе и позволил ему получить достойное образование. Это в итоге стало залогом интеллектуального развития и для его сына. Бежан также получил хорошее образование, а в 19 лет победил в математической олимпиаде и получил стипендию на обучение в Массачусетском технологическом институте в США. В 1975 г. он защитил там кандидатскую диссертацию и с тех пор и не думал о возвращении в Румынию.

Однако полностью вычеркнуть из памяти свое детство не удается никому, и Бежан не стал исключением. В 1996 г. он разрабатывал систему охлаждения для ноутбуков. Придуманная им система имела вид древовидной композиции из высокопроводящих пластин для отвода тепла — большого канала, который разветвляется на все более мелкие, проходящие через весь цельный кусок металла. Нагреваясь, процессор отдает свое тепло ближайшей к нему толстой пластине, и оно начинает распространяться по корпусу ноутбука, а сам процессор при этом охлаждается.

И снова он увидел сходство структур. Прорывом стало осознание, что подобная форма — большой канал, разветвляющийся на все более мелкие, — встречается в любой проточной системе, как естественной, так и искусственной. Под проточной системой физики, работающие в той же области, что и Бежан, понимают любую систему, в которой что-то само по себе движется из пункта А в пункт Б. В природе это могут быть ответвления речной дельты, кровеносные сосуды на внутренней стороне яичной скорлупы, ветви деревьев или нервная система организма. В рукотворном мире это компьютерные системы охлаждения, тоннели метрополитена или коммуникационные сети. Потоки знаний и данных принимают ту же форму, объясняет Бежан, в том числе в «областях, где человеческое восприятие, предубеждения и культура, а также некоторые другие факторы, такие как религия, играют более заметную роль». Таким образом, будь то крупная корпорация, церковная община или армия, потоки информации в организации будут складываться в что-то похожее на дерево: от нескольких человек на вершине вниз через многие уровни с непременным ветвлением к рядовым сотрудникам.

Ветвление в этих явлениях — не шаблон, которому они обязаны следовать, а скорее наиболее эффективный способ течь. По словам Бежана, когда он использовал эту схему для создания своей системы охлаждения, он не имитировал природу в прямом смысле слова:

> Я предсказывал природные процессы. Я понял, что эта особенность куриного эмбриона и речной дельты на самом деле представляла собой физическое явление — свойство эволюционно ветвиться в определенном направлении. Для этого прямо напрашивался отдельный закон физики.

В результате Бежан сформулировал «конструкционный закон»*, и именно за него, а также за свои работы в области термодинамики ученый был награжден медалью Бенджамина Франклина. Конструкционный закон гласит, что все проточные системы естественным образом стремятся развиваться в направлении большего доступа. Он указывает, что для выживания проточной системы ее конфигурация должна эволюционировать таким образом, чтобы обеспечивать наиболее легкий доступ для всего, что через нее движется. Альтернатива непривлекательна. Бежан говорит об этом прямо: «Когда движение прекращается, жизнь заканчивается».

Из этого утверждения можно делать самые разные выводы.

С течением времени системы меняются и развиваются предсказуемым образом, но всегда в направлении улучшения пропускной способности. Распространенное

* *The Physics of Life: The Evolution of Everything*, Adrian Bejan, St. Martin's Press, 2016.

заблуждение об эволюции заключается в том, что живые существа изначально были примитивнее и сейчас находятся в процессе усложнения: как будто мы движемся на эскалаторе от амебы к сверхчеловеку. Из-за этого может показаться, что у эволюции есть какая-то явно определенная конечная точка. На самом деле в ходе эволюции все просто стремится наилучшим образом приспособиться к окружающей среде. Если среда меняется (а она постоянно меняется), то должна меняться и эволюционирующая система. Любой вид, который останавливается на достигнутом, независимо от того, насколько хорошо он приспособился, в конечном счете всегда исчезает.

Подобно Вселенной, расширяющейся после Большого взрыва, процесс, описываемый конструкционным законом, идет только в одном направлении: от затрудненного течения к облегченному. Все проточные системы в итоге начинают демонстрировать разветвленную структуру, которую можно описать как «мало крупных, много мелких каналов». Крупные протоки приводят ко все более мелким. Английский математик Джон Конвей подсчитал, что во всех проточных системах на каждый крупный проток приходится в среднем четыре притока.

Бежан объясняет:

> Более крупные каналы, как правило, более эффективны с точки зрения транспортировки. Грузоперевозки на больших трейлерах обходятся дешевле. Но это с одной стороны. С другой же, оказывается, большой объем чего-либо не может течь по площади меньшей, чем он сам. Большое не достигает мелких закутков. Конфигурация любой эффективной системы

должна состоять из множества элементов и ответвлений меньшего размера. Естественным образом возникающая конфигурация — это иерархия.

Иерархия неизбежна, а она по определению связана с неравенством.

Конструкционный закон проявляется во всем, что течет: от жидкостей внутри человеческого тела до электричества, питающего наши дома. Но особый интерес у Бежана вызывает другой поток: он отслеживает движение *денег*. Главный вопрос ученого состоит в том, можно ли предсказать движение богатств в обществе. Если да, то следующие вопросы заставляют серьезно задуматься. Является ли неравенство неизбежным? Становятся ли богатые богаче, следуя законам физики? И справедливо ли все это?

Исследования Бежана показывают, что, как и любой другой тип потока, распространение богатств иерархично и, следовательно, по определению не подразумевает равенства. Проточная система предполагает наличие крупных ветвей, переходящих в более мелкие. В дыхательной системе трахея больше, чем расположенные ниже бронхи, но не потому, что ей требуется больше воздуха. Она велика ровно настолько, насколько этого требует общий размер проточной системы. Протоки в бассейне Миссисипи будут больше, многочисленнее и сложнее, чем те, что вытекают из Сены или Темзы. Таким образом, некоторые люди могут быть богатыми или даже сверхбогатыми, но, согласно представлениям Бежана о физике потока, для общества это является проблемой только в том случае, если в системе прекращается течение.

Бежан сравнивает физику благосостояния с паровозом. Когда тот стоит на месте, он должен выпускать пар, потому что давление, которое продолжает нарастать внутри котла, не имеет выхода. Если бы не было клапана, через который можно выпустить пар, котел просто взорвался бы. Такова физика экономической диктатуры — жесткой проточной системы, не допускающей роста или развития. Здесь нет ни иерархии, ни неравенства — но нет и движения. Коммунизм, говорит Бежан, описывая систему, при которой вырос, провозглашал всеобщее равенство и потерпел крах. Его отец держал кур не развлечения ради и не потому, что яйца полезны; у семьи просто не было другого способа добыть достаточно пропитания. «Попытки сделать все одинаковым обречены на провал».

Положительный ли это момент для капитализма? Физика потока подсказывает, что идея иерархии не должна нас особенно беспокоить. Неравенство, которое она порождает, необходимо и не обязательно оказывается несправедливым.

Но «не обязательно оказывается» — это очень далеко от однозначного «не является». Как мы уже знаем, человек, обладающий богатством, вполне может злоупотреблять им. Критики скажут, что физика Бежана столь же идеалистична и непрактична, как идеология коммунистов, чью катастрофическую плановую экономику он испытал на собственном опыте. И что, будучи высококвалифицированным профессионалом, живущим в США и занимающим хорошо оплачиваемую должность, он, возможно, находится не на вершине иерархии, но и далеко не в самом ее низу. Что он может сказать тем, кто на другом конце, — людям, живущим в условиях финансовой нестабильности, как столь многие на его новой родине? Или, если уж на то пошло, что он сказал бы специалисту по экономике развития или сотруднику Всемирного банка, пытающемуся справиться с крайней бедностью в Африке или Индии? Может ли конструкционный закон предложить конкретные решения или направления для движения вперед тем, кто разрабатывает государственную политику?

По словам Бежана, чтобы начать решать проблему несправедливости в нашем мире, люди, наделенные богатством и ресурсами, должны осознанно искать точки наибольшей нужды. Они должны стать каналами, по которым средства перетекают, например, в направлении филантропии. «Ответ — у нас перед глазами. Не будьте безразличными. Вот и весь ответ».

* * *

Многое из того, что здесь описано, близко к мечте сторонников свободного рынка об экономике просачивания благ. Согласно этой точке зрения, всё всегда должен определять рынок, всё выйдет на свой естественный уровень, а богатства, которые накапливаются в руках у богатых, будут сами собой просачиваться вниз к менее богатым. Распределение благ может оставаться не равным, но в долгосрочной перспективе от этого выиграют все. Чем меньше правительство вмешивается в дела населения, тем лучше.

Как и следовало ожидать от человека, испытавшего на себе тоталитаризм, Бежан не является поклонником ненужного вмешательства государства. Однако его нельзя назвать и безоговорочным сторонником свободного рынка. Он прекрасно понимает, какая может быть польза от такого вмешательства, если оно правильно спланировано. Конструкционный закон предполагает, что, в отличие от неравенства, которое является непременной характеристикой Вселенной, к несправедливости это не относится. К сожалению, в теории просачивания благ нет ничего, что защищало бы от несправедливости.

Протоки дельты Дуная, вдохновившие молодого Бежана, образовываются естественным путем, но их могут перекрывать упавшие деревья, камни или ил. В этом случае они приводят к затоплению и причиняют огромный ущерб. Поэтому местные жители тщательно следят за тем, чтобы подобного не происходило, чтобы вода могла течь свободно. Бывает, что проток нужно перекрыть для дела. Это не страшно, если при этом целенаправленно создать другое русло и перенаправить поток туда.

Люди не обязаны быть заложниками течения. Они способны блокировать и разблокировать протоки своими собственными действиями. По словам Бежана, только когда поток останавливается, «давление нарастает до тех пор, пока система не разрушается. Мораль: не останавливайте ход вещей. Нарастание потока — вот что поддерживает организмы и устройства, тогда как застой их убивает».

Ветвящаяся структура дельты Дуная и кровеносные сосуды на яичной скорлупе из детства Бежана возникли в результате естественных эволюционных процессов, но система охлаждения ноутбука, основанная на тех же физических принципах, была целенаправленно разработана человеком. Все они подчиняются конструкционному закону. Короче говоря, в искусственном вмешательстве ради обеспечения более справедливого распределения нет ничего плохого, если только оно тоже следует требованиям конструкционного закона. Все остальное обречено на провал. Так что даже если верить в экономику невмешательства и просачивание благ, вмешиваться все же иногда нужно, чтобы протоки не засорялись.

Вспоминая тот период, когда я работал в сфере международного развития, я прихожу к выводу, что самые удачные наши попытки бороться с бедностью и перераспределять богатства следовали конструкционному закону. Десятилетиями помощь и филантропия являлись основными инструментами решения проблемы неравенства, и именно это, безусловно, находилось в центре моего внимания. Я писал стратегии инвестирования миллиардов фунтов помощи в экономику развивающихся стран. Но эффективная помощь — это гораздо больше, чем просто вливание денег в бедные страны.

Представьте себе несложную ситуацию: скажем, каждому жителю крошечной деревни из пяти домов дарят равную сумму денег. Теория Бежана показывает, что даже в этом случае мы со временем увидим неравномерное распределение богатств. Люди все разные, и с одинаковым даром они обойдутся тоже по-разному. Важна здесь и удача; кого-то настигнут болезни и травмы, а кого-то — нет. В итоге одни семьи станут богаче, другие — беднее. По мере увеличения числа членов общества эта неравномерность становится все более сложной, а различия в благосостоянии и связанных с ним возможностях растут.

Бежан показывает, что средства, влитые в любую страну в виде иностранной помощи, в конечном итоге будут распределены неравномерно, как и те, которые имелись там изначально. Физика непременно побеждает. Поэтому, раз уж мы признали, что благосостояние всегда распределяется неравномерно, нам требуются решения, которые позволят среагировать на эту проблему заранее и с учетом принципа справедливости. Поток нужно направлять.

Один из способов добиться этого — налоги. Как утверждают Давид Амаглобели и Селин Тевено из Международного валютного фонда, в странах с развитой экономикой прямые налоги и трансферты могут в совокупности сократить неравенство доходов более чем на одну треть. Однако, по аналогии с тем, что эффективная помощь — это нечто большее, чем просто раздача людям денег, эффективное налогообложение гораздо сложнее, чем просто их изъятие. Вместо того чтобы затыкать с помощью налогов дыры в бюджете — как это очень часто делают — или бездумно бросать деньги на решение разных проблем, налогообложение и расходные программы должны быть прогрессивными и целевыми, чтобы каждый отдавал столько, сколько он может себе позволить, а доходы направлялись в те сферы, где они принесут наибольшую пользу.

Налоговые средства можно направлять на обеспечение всеобщего доступа к дошкольным учреждениям и на расширение программ высшего образования, профессионально-технического обучения и ремесленного ученичества, а возможно, и спонсируемых государством стажировок. Можно предоставлять налоговые льготы на научные исследования и технологические разработки. Разумеется, деньги от налогов могут идти на создание систем социальной защиты, которые не позволяют людям опуститься на самое дно и подталкивают их к тому, чтобы начать самостоятельно добиваться успеха, наверстывая то преимущество, которое с рождения имеют дети более богатых родителей. Согласно исследованиям, страны, финансирующие расходы на социальную сферу за счет перераспределительной налоговой системы, лучше справляются с сокращением неравенства. Одним словом, налогообложение должно иметь цель и смысл.

Один из отцов-основателей США Джеймс Мэдисон как-то заметил: «Нашего мужества хватает на все, кроме того (и я говорю это со стыдом), чтобы обложить себя налогами». Это — отправная точка, еще один способ выразить бежановское «не будьте безразличными». Среди прочих решений, которые обсуждались в Давосе в 2023 г., был и прогрессивный налог на состояния мультимиллионеров всей планеты. Очень богатые люди обычно имеют в своем распоряжении множество источников доходов, и у них есть очень опытные финансовые консультанты, которые следят за тем, чтобы бóльшая часть богатств их клиентов была на бумаге получена из источников, облагаемых наименьшими налогами. Нефинансовые активы уже облагаются налогом почти во всем мире, но обычно это плоский, а не прогрессивный налог, то есть очень богатые платят тот же процент от стоимости своего имущества, что и граждане со средним доходом. А поскольку в разных странах действуют разные налоговые режимы, собственность сверхбогатых людей, как правило, официально располагается в регионах, где налоги невысоки. Поэтому рекомендация Давоса заключалась в том, чтобы расширить налог на имущество для мультимиллионеров, охватив все формы богатства, и сделать его прогрессивным. Согласно модели, предложенной в Давосе, собственность богатых будет облагаться по одинаковой во всех странах ставке. Такой налог мог бы ежегодно приносить триллионы долларов, которые можно было бы реинвестировать в здравоохранение, развитие инфраструктуры и, не исключено, даже в школьные учебники.

Однако эта рекомендация возникла на основании возможно утопического взгляда на проблему бедности, согласно которому для ее решения все страны мира должны действовать сообща. Кому-то это может напомнить экономический тоталитаризм, в условиях которого вырос Бежан. На самом деле это далеко не так. Претензия, которую ученый предъявляет коммунизму, сводится к тому, что у людей не было свободы выбора и они не могли разумно распоряжаться теми небольшими деньгами, которые до них доходили, а продуманное и последовательное налогообложение просто гарантирует, что деньги, вообще говоря, до них дойдут. Затем же они начнут перетекать наиболее эффективным образом согласно конструкционному закону.

* * *

Физика научила меня, что неравенство будет существовать всегда. Пытаться искоренить его бесполезно; вместо этого гораздо продуктивнее бороться с несправедливостью. Неравенство энергии служит мотором Вселенной; без него не светили бы звезды, не вращались бы планеты и не существовали бы мы с вами. Это «неравенство» можно также назвать дифференциацией, то есть необходимым условием для существования нашего динамичного и яркого космоса.

Хотя мы все должны стремиться к снижению излишнего неравенства, по-настоящему «равный» и недифференцированный мир представить невозможно. В таком мире не было бы разнообразия, которое порождается нашими различиями как в умениях, так и в перспективах. Устранив неравенство в физике, мы получили бы вместо Вселенной крошечный, безликий сгусток материи. Примерно такие же удручающие последствия может иметь и попытка устранить социальное неравенство. А вот упор на искоренение несправедливости позволит нам двигаться к лучше устроенному миру, не стесняясь наших различий. Неравенство является непременной характеристикой Вселенной, но к несправедливости это, возможно, не относится.

Глава 4

Физика топтания на месте

На протяжении столетий британское правительство направляет дипломатов в свои посольства по всему миру. Их задача — укреплять отношения между странами и продвигать интересы Великобритании за рубежом. Но работа в одном представительстве не равна работе в другом. Существует не афишируемая, но устоявшаяся система ранжирования заграничных командировок по привлекательности, и некоторые столицы считаются настолько негостеприимными, настолько сложными и не приспособленными для жизни, что пребывание там официально считается «работой в тяжелых условиях». Как и следовало ожидать, в эту категорию попадают Багдад, Кабул и Киншаса — города, которые недавно были зонами боевых действий. Но, как ни странно, служба в посольстве Великобритании в самой богатой, самой могущественной и самой важной стране мира на каком-то этапе тоже формально считалась работой в тяжелых условиях. В бытность свою государственным служащим я на собственном опыте узнал почему.

В 2007 г., только окончив бизнес-школу, я отправился в Вашингтон на новое место работы. Я трудился во Всемирном банке — организации, представляющей собой настоящий плавильный котел для дипломатов и прочих международных чиновников. Мне нравились коллеги и энергетика города, но я приехал туда в середине лета, и к такой гнетущей жаре, которая, казалось, высасывала всякую каплю сил из моего тела, я был совсем не готов. По дороге в офис я словно пробивал своим телом стену густого и влажного воздуха. На месте Вашингтона раньше были болота, и поэтому до появления кондиционеров в середине XX в. этот город и впрямь считался трудным для жизни, хотя и чуть менее опасным, чем зоны боевых действий.

Все усугублялось тем, что перед отъездом из Великобритании я совершил роковую ошибку. Решив произвести на новой работе хорошее впечатление (и, возможно, прочитав слишком много романов Джона Ле Карре), я купил костюм из светлого льна. Он был мне слегка великоват, очень быстро мялся и покрывался пятнами пота. Вдобавок к тому легкая ткань прилипала к коже, особенно сзади брюк, что не очень-то льстило мне при моем невысоком росте и неспортивном телосложении.

К счастью, в офисе везде были кондиционеры, но местная жара, как мне казалось, не отпускала меня, даже когда я заходил внутрь. Сидя за своим столом, я часами смотрел на мигающий курсор на экране компьютера. Шли дни, но работа не двигалась. Городской зной как будто высосал из меня все жизненные соки. Каждое утро я приходил в офис, твердо решив, что именно сегодня наконец начну что-то делать. Мой стол был завален пустыми кофейными стаканчиками и банками от диетической колы.

Однако в большинстве случаев к 11 часам утра единственное, на что у меня хватало сил, — это сползти под стол и надолго задремать. Я топтался на месте.

Вполне логично, что доклад, который я пытался написать, был посвящен жаре. Точнее, глобальному потеплению. Я попал в Вашингтон практически через десять лет после принятия Киотского протокола (или, если использовать его официальное название, — Киотского протокола к Рамочной конвенции ООН об изменении климата), первого юридически обязывающего международного соглашения по климату. На момент подписания он считался самым значительным договором в области экологии за всю историю переговоров и, безусловно, был самым многообещающим. Перед 41 страной мира ставилась задача сократить выбросы шести парниковых газов, усугубляющих проблему глобального потепления. Мне же было поручено написать отчет о прогрессе, которого мир достиг в выполнении поставленных в Киото целей.

Масштабы прописанных в протоколе мер впечатляли, но не настолько, насколько масштабы стоящей перед человечеством проблемы. Если ничего не предпринимать, то, по самым точным из имеющихся у нас оценок, к 2050 г. треть населения Земли будет жить в районах с климатом, напоминающим самые жаркие части сегодняшней Сахары. У развитых стран, как правило, имеются ресурсы, чтобы справляться с подобными чрезвычайными ситуациями, по крайней мере на данный момент. В краткосрочной перспективе последствия для развивающихся стран будут гораздо тяжелее, а в долгосрочной худо придется всем. Это настоящая угроза существованию нашего вида.

С учетом грандиозности этой проблемы я с трудом находил в себе силы или мотивацию, чтобы адекватно описать происходящее. Я не знал, с чего начать. Время шло, и я все больше паниковал из-за того, что совсем не продвинулся в написании отчета. И тогда я снова обратился к предмету, который знал лучше всего.

Согласно первому закону движения Ньютона объект, находящийся в состоянии покоя, остается в состоянии покоя, а объект, находящийся в движении, продолжает двигаться с постоянной скоростью, если на них не действует внешняя сила. Применяя этот закон к людям, можно сказать, что для изменения человеческого поведения требуется много усилий, особенно если речь идет о решении такой огромной проблемы, как глобальное потепление. Оставить все как есть безусловно проще.

Второй закон гласит, что сила равна массе, помноженной на ускорение. Как и в случае объектов в движении, наше поведение тоже определяется действием скрытых сил: масса (человек) и сила (окружающий нас контекст) приводят к ускорению (определенному поведению). Чем больше масса, тем больше сила, необходимая для того, чтобы ее сдвинуть. Выполнению Киотского протокола мешало множество сил: давление со стороны корпораций, бездействие чиновников и политиков, а также укоренившиеся привычки и взгляды населения, в том числе и нас с вами.

Третий закон провозглашает, что на каждое действие всегда найдется равное и обратное ему противодействие. Применительно к людям этот закон предупреждает нас о том, что любое решение вызывает реакцию, идущую вразрез с тем, что было задумано. Говоря человеческим языком, нам просто не нравится, когда нам говорят, как поступать, и чем настойчивее это делается, тем сильнее мы сопротивляемся. Противодействовать огромной массе, движущейся в одну сторону, с помощью такой же огромной массы, движущейся в другую, вероятно, не самый лучший вариант. Для достижения оптимальных результатов разумнее применять более мягкое воздействие, вроде спокойного убеждения, причем осторожно и на протяжении длительного времени.

Размышляя об этих законах за своим столом во Всемирном банке, я понял, почему претворение в жизнь положений Киотского протокола уже много лет сталкивается с трудностями. Скажем так, дело в человеческой природе, которая, как и законы физики, не поддается изменению. И все же, даже если бы ее удалось изменить, даже если поверившие в опасность глобального потепления правительства смогли бы убедить население и бизнес подставить себя под удар ради будущего, этого, как я начал догадываться, было бы недостаточно. Законы Ньютона гласят, что объект, находящийся в состоянии покоя, остается в состоянии покоя, и в этот момент мне казалось, что в своих усилиях по борьбе с изменением климата человечество, как и я со своим отчетом, просто топчется на одном месте. Могут ли соображения из области физики подсказать, в чем тут дело?

* * *

Не будет натяжкой заявить, что физические процессы, лежащие в основе того, что мы называем изменением климата, начались около 300 млн лет назад. Это был так называемый каменноугольный период истории Земли. Климат в то время был теплым и влажным, планета изобиловала лесами и болотами. Когда обитавшие там растения и животные умирали, их останки оказывались под слоями осадочных пород. Со временем, под воздействием тепла и давления последующих наслоений, органические вещества трансформировались в то, что мы сегодня называем ископаемым топливом. Останки древних папоротников, деревьев и мхов превращались в уголь. Из останков крошечных морских организмов, таких как планктон и водоросли, образовывалась нефть. А природный газ, самый легкий из ископаемых видов топлива, получался из того же органического вещества, что и нефть, только подвергшегося большему нагреву и давлению.

На протяжении миллионов лет эти ископаемые виды топлива были скрыты под землей. Мы знали, что они там есть, и использовали то, до чего могли дотянуться, но лишь едва скребли по поверхности глубоко залегающих запасов. Однако примерно 400 лет назад произошло несколько событий, которые изменили все.

В XVI и XVII вв. британские военно-морские силы противостояли растущей угрозе вторжения из Испании. Дипломаты и военачальники того времени понимали необходимость срочно наращивать размеры флота. Возросшая потребность в кораблях вызвала увеличение спроса на древесину, что в конечном итоге привело к вырубке лесов. Итогом стала нехватка древесного угля, который в то время был одним из самых распространенных видов топлива. Нужен был альтернативный источник энергии — так началась активная добыча каменного угля. Каждая новая шахта была глубже предыдущей, так что параллельно возрастал и риск затопления. В конце XVII в. Томас Севери и позднее Томас Ньюкомен изобрели первые имевшие практическое применение паровые машины, использовавшиеся для откачки воды из затопленных шахт.

В XVIII в., по мере того как цена на уголь падала, спрос на него рос, и появились новые способы его использования — например, для освещения городов. Тем временем растущая потребность в паровых машинах привела к появлению важных технологических нововведений, благодаря которым их эффективность резко повысилась, стоимость снизилась, а сфера применения расширилась. В результате последовавшего за этим прогресса в металлургии появилась бессемеровская сталь, что позволило построить сеть дешевых железных дорог и связанную с ней инфраструктуру, не говоря уже о современных броненосных кораблях.

Если нагревать уголь при высоких температурах в отсутствие кислорода, образуется новое топливо с высоким содержанием углерода — кокс. Этот процесс, называемый учеными пиролизом, также приводит к образованию отходов — коксового газа, который поначалу просто сжигали. Однако проницательные умы вскоре поняли, что и эти отходы можно использовать в качестве топлива.

В XIX в. был изобретен новый тип механизмов, где топливо сжигалось внутри цилиндров, а получившийся горячий, расширяющийся газ приводил в движение поршни. Это были двигатели внутреннего сгорания. В тот же период китовый жир, использовавшийся ранее в бытовых лампах, был заменен керосином, который получали из сырой нефти. Владельцы нефтеперерабатывающих установок, производившие керосин, поняли, что отходы и от этого процесса тоже можно пустить в дело. Это был бензин, который оказался самым ценным товаром из всех, поскольку идеально подходил для использования в новых двигателях.

Так началась промышленная революция.

Если перенестись в сегодняшний день, мы увидим, что те же виды топлива обеспечивают реалистичность многих наших представлений о «хорошей жизни»: тут и полеты на самолете, и поездки на автомобиле, и употребление мяса, и обитание в просторных и теплых домах, и поддерживающая все это инфраструктура. Ископаемые углеводороды невероятно востребованы, и мне, как физику, легко понять почему. Они обладают поразительной эффективностью с точки зрения выделения энергии: в пересчете на вес сжигание бензина дает в 1000 раз больше энергии, чем электрическая батарейка для фонарика. Именно поэтому последние 250 лет использование ископаемых видов топлива остается важнейшим залогом экономического роста.

К сожалению, именно сжигание ископаемого топлива приводит к образованию парниковых газов. Существует множество различных парниковых газов, включая водяной пар и метан (одновременно и побочный продукт при добыче угля, природного газа и нефти, и результат разложения органических веществ), но главным виновником является углекислый газ, или CO_2, который образуется при сгорании углерода в кислороде. Угольная электростанция мощностью в 1 ГВт сжигает тонну угля каждые 10 с, при этом образуется три тонны CO_2 — он тяжелее из-за добавления к каждому атому углерода двух атомов кислорода. Суммарное производство электроэнергии в мире соответствует мощности около 9000 ГВт.

Чтобы понять, что такое парниковый эффект, необязательно заходить в настоящую теплицу. Ощутить резкую разницу в температуре и влажности можно, просто сев в припаркованный автомобиль в жаркий день. Принцип действия тот же. Парниковый эффект возникает из-за того, что в салон поступает больше энергии, чем может его покинуть, поэтому в автомобиле нужно просто открыть окна — и проблема решится. Горячий воздух находится под бо́льшим давлением, чем прохладный, поэтому он быстро выйдет наружу. Этот процесс называется конвекцией. Вокруг Земли нет окон, но гравитация действует похожим образом. Она тянет воздух вниз, удерживая его вблизи поверхности. В отличие от автомобиля, такое окно невозможно открыть. Теплый воздух не может просто взять и уйти в космос.

Однако это не означает, что тепло не может покидать атмосферу. Поверхность Земли постоянно поглощает энергию Солнца в виде видимого света. Эта энергия нагревает ее, а затем отскакивает обратно в космос в виде инфракрасного излучения — электромагнитного излучения с длиной волны больше, чем у видимого света, но меньше, чем у микроволн. Атмосфера Земли, на 99% состоящая из азота и кислорода, не поглощает инфракрасное излучение, поэтому теоретически оно могло бы просто уходить в космическую пустоту, и средняя температура на Земле упала бы до –11 °C, поверхность океана замерзла бы, и наш мир стал бы практически непригодным для жизни. К счастью, существуют два фактора, которые препятствуют такой утечке тепла. Первый — облачный покров, который возвращает инфракрасное излучение обратно к земле. Второй — парниковые газы.

Парниковые газы присутствуют в атмосфере лишь в незначительных количествах. С 800 г. н. э. до конца XIX в. их содержание в атмосфере составляло всего 0,028%, или 280 частей на миллион, что говорит о том, насколько эффективно они удерживают тепло. И здесь кроется проблема. За последнее столетие содержание CO_2 выросло на 100 частей на миллион. В абсолютном выражении это не так уж и много, но даже при таком небольшом увеличении в атмосфере удерживается заметно больше инфракрасного излучения, что приводит к глобальному потеплению.

Если рассматривать ситуацию в исторической перспективе, рост температур за последний век может показаться незначительным. Действительно, мир и раньше нагревался и остывал. Но всего лишь сто лет при температуре на четыре градуса выше, чем в доиндустриальные времена, может обернуться необратимым откатом цивилизации, в корне изменив нашу жизнь и экономику.

Благодаря развитию климатического моделирования как науки мы научились гораздо лучше прогнозировать изменение климата. Такие модели опираются на наше понимание тепла и энергии. А это понимание основано на физике, и в частности на законах термодинамики.

* * *

Законы движения Ньютона полностью обеспечили нам понимание того, как обычная вещь ведет себя в реальном мире. Они были примером детерминистского мировоззрения, согласно которому если начальные условия в системе известны с достаточной точностью, то ее дальнейшее поведение можно предсказать со всей определенностью. Однако по мере развития науки в этом детерминистском подходе стали появляться трещины.

Хотя ньютоновская механика прекрасно объясняет движение отдельных макроскопических объектов, то есть того, что можно потрогать или хотя бы увидеть, в XIX в.

стало ясно, что поведение эфемерных явлений вроде тепла и энергии она описывает гораздо хуже. Все потому, что они связаны с движением не одной или нескольких, а миллионов частиц на микроскопическом уровне. Нужен был новый подход, в котором меньше внимания уделялось бы точности и больше — вероятности. Физики начали осознавать, что иногда не так важно знать, что делает каждая отдельная микроскопическая частица; гораздо полезнее понимать поведение системы в среднем как единого целого.

Именно это осознание привело к появлению области физики, известной как термодинамика. В своих новаторских работах такие ученые, как Сади Карно, Рудольф Клаузиус и Джеймс Максвелл, придерживались более вероятностного и динамического подхода. Их труды привели к разработке фундаментальных законов термодинамики — правил, позволяющих описывать поведение тепла и энергии в терминах статистических величин и вероятностей.

Первый из этих законов прекрасно понятен интуитивно: энергия не может быть создана или уничтожена. Это означает, что в закрытой системе, то есть в системе, где энергия не может ни поступать извне, ни выходить наружу, общая энергия в конце любого процесса должна быть такой же, как и в начале. Чтобы проиллюстрировать это, рассмотрим, что происходит, когда вы едете на автомобиле. Поскольку автомобиль движется, он обладает определенным количеством кинетической энергии, обусловленной его движением. Если вы приближаетесь к красному сигналу светофора, эта энергия должна быть потеряна, чтобы автомобиль остановился. Когда вы нажимаете на педаль тормоза, колодки прижимаются к дискам, и движение автомобиля замедляется из-за трения. При этом выделяется тепло, и к концу процесса, если рассматривать его в самом упрощенном виде, энергия этого тепла будет равна начальной кинетической энергии автомобиля. Это и есть первый закон, или, как еще говорят, первое начало, термодинамики.

Можно рассмотреть и другой повседневный пример. Если оставить чашку с горячей водой на несколько минут, вода остынет — точнее, так кажется. На самом деле тепло воды передается воздуху комнаты, поэтому вода становится холоднее, а комната — чуть теплее, но поскольку тепло воды в одной маленькой чашке рассеивается по всему объему гораздо большей комнаты, вы едва ли сможете это заметить. В конце концов и комната, и вода будут иметь одинаковую температуру, равную некой комбинации температур комнаты и горячей воды в начале.

Но почему так происходит? Почему вода не высасывает тепло из более холодного воздуха и не становится еще горячее? Пока общая энергия в комнате остается неизменной, это, казалось бы, не противоречит первому началу термодинамики.

Именно поэтому существует еще и второе начало. Говоря простым языком, оно гласит, что тепло переходит от более горячего к более холодному, и только в этом направлении. В науке это называется энтропией; в просторечии же говорят, что «беспорядок увеличивается». Мы начали с порядка: прохладная комната и чашка горячей воды — энергия, аккуратно собранная в одном месте. В конце мы получаем более неупорядоченное состояние, поскольку тепло рассеялось по всей комнате. Результат — чистое увеличение энтропии в целом. Изменение энтропии необратимо и всегда идет в одном направлении.

Вчерашняя энтропия всегда меньше, чем сегодняшняя, а та всегда меньше, чем завтрашняя; такую направленность ее изменения часто называют «стрелой времени».

На протяжении уже долгого времени эти законы термодинамики прекрасно объясняют поведение тепла и энергии. Они также лежат в основе физики изменения климата. Понимание этих законов позволяет моделировать энергетический баланс Земли, предсказывать изменения температуры и понимать механизмы, лежащие в основе воздействия парниковых газов.

Однако, несмотря на то что мы хорошо понимаем механизмы изменения климата, к тому времени, когда я писал свой отчет, многие западные страны уже значительно отставали от предусмотренного для них Киотским протоколом графика. В 2007 г. Европейский союз сократил выбросы парниковых газов лишь на 2% по сравнению со взятым за точку отсчета 1990-м, хотя на период 2008–2012 гг. было запланировано сокращение на 8%. В США, которые подписали, но не ратифицировали протокол, к 2007 г. выбросы выросли примерно на 17% по сравнению с уровнем 1990 г. при запланированном сокращении на 7%. Сегодня мы все еще боремся за достижение этих показателей, причем степень успешности этой борьбы в разных странах существенно различается. Одни государства добились значительного прогресса в сокращении выбросов, а другие по-прежнему не справляются.

В конечном счете выполнение Киотского протокола потребовало бо́льших жертв, чем те, на которые было готово пойти население Запада: никому не нравится носить вериги или власяницу, каким бы благим ни был повод. Вопросы изменения климата касаются не только науки, но и экономики. Возможно, именно поэтому в последние годы некоторые физики начинают обращать на нее внимание.

* * *

Одним из таких физиков стал покойный Роберт Эйрс. Я переписывался с ним, когда начал работать над этой книгой, но, к сожалению, он скончался раньше, чем я ее дописал. Эйрс был почетным профессором некоммерческой бизнес-школы INSEAD во Франции; его достижения принесли ему номинацию на Нобелевскую премию по экономике. Он много писал о параллелях между термодинамикой и экономикой, утверждая, что обе дисциплины неразрывно связаны. Как и любой хороший физик, он всегда сначала формулировал самые общие принципы.

Возьмем нефтяное месторождение или шахту с рудой. Благосостояние растет не от факта существования этих ресурсов как таковых, а при их превращении в товары и услуги. Что толку просто владеть месторождением нефти? Чтобы разбогатеть, нефть нужно выкачивать. Шахта никому не нужна, если не добывать в ней руду и не выплавлять ее. Эйрс формулировал это так: «Благосостояние в человеческом обществе — результат сознательного и преднамеренного перераспределения и растраты энергии и материалов».

Пока ничего необычного. С этим наверняка согласится любой владелец шахты или нефтяного месторождения. Ресурсы, которые не эксплуатируются, имеют лишь потенциальную ценность. Но в чем Эйрс расходится с общепринятой экономической мыслью, так это в том, как эта ценность создается.

Экономисты традиционно сосредотачивают свое внимание на двух аспектах: капитале и труде как основных движущих силах производства. Другими словами, что люди ни делают — строят ли мосты или продают автомобили, — все зависит от того, сколько у них денег и сколько работников. Но Эйрс утверждает, что в таких моделях не учитывается еще одна ключевая составляющая — энергия.

Чтобы понять, почему это так важно, мы должны снова взглянуть на ситуацию в исторической перспективе. Наши предки научились использовать энергию окружающей среды тысячи лет назад. Первым этапным открытием тут, видимо, стало умение добывать и поддерживать огонь: создавать его за счет трения деревяшек или высекать искры, стуча камнями друг об друга, а не ждать, пока молния ударит во что-то сухое и легковоспламеняющееся. Огонь не только делал пищу более усвояемой, но и способствовал возникновению первых производств — обжига керамики и выплавки металлов.

Веками люди продолжали использовать, казалось бы, бесконечную доступную им энергию Солнца, ветра и текущей воды. Сопоставляя почти ничтожные в прошлом потребности человечества в этих ресурсах с тем, что должно было казаться неисчерпаемыми мировыми запасами энергии, легко понять, как сформировалось восприятие, характерное для классической экономики. Конечно, с годами всего этого будет только больше! И на протяжении почти всей истории человечества так оно и было.

Сегодня этот «энергетический оптимизм» лежит в основе современной экономики. Экономисты предполагают, что количество энергии, доступной для строительства моста или производства автомобиля, практически не ограничено, и поэтому не включают ее в экономические модели. Она «промежуточный товар», который создается капиталом и трудом. Как только мы получаем конечную продукцию, энергия, которая потребовалась для ее создания, тихо вычеркивается из уравнения.

Но Эйрс, или, как сказал бы он сам, термодинамика, не считает этот подход верным. Мы уже знаем, что, согласно первому началу, энергию нельзя создать или уничтожить, ее можно только передать или преобразовать из одной формы в другую. Таким образом, она должна иметься в наличии в начале процесса, а в конце она никуда не исчезает для удобства вычислений. Второе начало гласит, что энтропия — мера беспорядка в системе — всегда возрастает. В практическом смысле это означает, что со временем энергия будет рассеиваться, и для выполнения полезной работы ее будет оставаться все меньше и меньше.

Энтропия в производстве товаров обычно проявляется в виде отходов — отработанного тепла и побочных продуктов, — которые просто не учитываются в большинстве экономических уравнений. Однако, по мнению Эйрса*, законы термодинамики означают, что сами отходы и все то, к чему может привести их появление, более чем реальны. В совокупности эти законы заставляют нас пересмотреть свое отношение к использованию ресурсов.

Чтобы пояснить эту мысль, Эйрс провозглашает, что «энергия» на самом деле является суммой двух

* 'How Economists Have Misjudged Global Warming', Robert U. Ayres. Перепечатано из *World Watch Magazine*, September/October 2001. https://cooperative-individualism.org/ayers-robert_how-economists-have-misjudged-global-warming-2001.htm

компонентов, которые он называет «эксергией» и «анергией». Формальное определение эксергии — «максимальное количество работы, которое может быть извлечено из материала в результате обратимых процессов, когда тот приводится в термодинамическое равновесие с окружающей средой». Проще говоря, эксергия — это полезная энергия, энергия, которая может быть продуктивно использована. На самом деле, когда экономисты или инженеры говорят об энергии, они обычно имеют в виду эксергию, то есть полезную ее часть. Равно как и мы, говоря о доступных ресурсах, на самом деле измеряем эксергию: то их количество, которое мы можем использовать.

Сходным образом, когда физики говорят о работе, они имеют в виду не труд, а эксергию, которая вкладывается во что-то для достижения результата. Она принимает самые разные формы. Когда газ сжимается поршнем или колесо приводит в действие лебедку, расходуется эксергия. Эксергия необходима для превращения железа в сталь. Нагревание жидкости с тем, чтобы она испарилась и привела в движение паровой двигатель, требует эксергии.

Машины работают за счет эксергии их источника энергии. Люди и животные получают эксергию из биомассы, также известной как еда. Очень часто животное использовалось для приведения в действие машины; исторически это был один из основных источников механической энергии, поэтому лошадиные силы до сих пор используются как единица измерения мощности. Эксергия неживых машин впервые превысила эксергию машин на животной тяге в США в 1870 г., но эксергия ископаемого топлива догнала и перегнала эксергию биомассы только в XX в.

Между тем второе начало термодинамики говорит нам, что некоторая часть энергии всегда будет переходить в беспорядок, и тут мы приходим к другому компоненту энергии. Анергия — это бесполезная энергия, энергия, которая тратится впустую. Анергия будет присутствовать всегда, с этим ничего не поделаешь, но чем эффективнее процесс, тем ее меньше. Рассмотрим, например, промышленное производство, в ходе которого образуется много рассеиваемого тепла. Источник энергии, приводящий в движение этот процесс, — эксергия. То тепло, которое просто уходит в трубу, — анергия.

Эксергии без анергии не бывает. Но решающее значение имеет то, как регулируется баланс между этими двумя различными формами энергии. Эйрс утверждает, что приложение принципов термодинамики к экономическим системам может открыть новые возможности для оптимизации баланса между ними. Новаторство его аргументации заключается в одновременном применении этих принципов и к экономике, и к термодинамике.

Еще раз взглянем на производственный процесс. Интуиция подсказывает нам, что если часть тепла, уходящего в трубу, можно использовать — скажем, для вращения турбины или просто для обогрева здания, — то она может быть преобразована из анергии в эксергию.

На самом деле тепло очень часто выступает побочным продуктом механических, химических и электрических процессов, причем обычно оно используется вторично не так эффективно, как могло бы. По словам Эйрса, в начале 1960-х гг. средняя эффективность производства электроэнергии из тепла в США достигла примерно 32%, и с тех пор этот показатель практически не менялся. Одна из причин этого заключается в том, что электростанции, как правило, находятся в отдаленных районах, что с точки зрения логистики усложняет сбор и утилизацию рассеиваемого тепла. Транспортировать это тепло туда, где оно может быть использовано, зачастую нецелесообразно. Но это не значит, что это невозможно.

В некоторых производственных процессах вырабатывается слишком много тепловой анергии, а в других не удается превратить в эксергию имеющееся в природе тепло. По всему миру — в Калифорнии, в странах Персидского залива, в Саудовской Аравии — строятся заводы по опреснению воды, для работы которых требуется много тепла. Солнечное тепло не только идеально подходит для этой цели, но и, как правило, в изобилии присутствует именно в тех районах, где требуется опреснение. Однако до сих пор мало кому удалось сложить два плюс два. Большинство таких заводов генерируют необходимое тепло за счет сжигания ископаемого топлива.

Эйрс отталкивается от того факта, что в процессе производства потребляемых нами товаров также создаются отходы и что многие из этих товаров сами станут отходами по окончании срока службы. Чем больше производит индустриальное общество, тем больше отходов оно генерирует. Как формулирует Эйрс, по мере усложнения нашей экономики усложняются и связанные с ней скрытые процессы, а они по умолчанию тяготеют к неэффективности, поскольку чем сложнее эти процессы, тем больше от них отходов — и тем больше эксергии, которую можно было бы использовать более эффективно.

* * *

За несколько лет до моего приезда в Вашингтон президент Джордж Буш — младший распорядился разработать национальную энергетическую политику США. Этот документ впоследствии называли «Докладом Чейни», по имени вице-президента Дика Чейни. В нем утверждалось, что единственный способ не допустить спада в экономике США — это значительно увеличить добычу и потребление угля, нефти и природного газа. По мнению Эйрса, этот текст является ярчайшим примером неспособности экономистов учитывать законы термодинамики. Он выделяет в нем три ошибочных допущения.

Во-первых, в докладе предполагалось, что выбор инвесторов всегда оптимален, поскольку компании автоматически максимизируют прибыль, а потребители — полезность. Необходимости в энергосбережении нет, ведь никакая энергия не расходуется впустую. Существует множество способов показать, что эти предположения неверны. Печальная история с ипотечными кредитами, которая привела к всемирной рецессии в 2008 г., — лишь одно из свидетельств того, что инвестиции далеко не всегда являются оптимальными.

Второе допущение отчета сводилось к тому, что дефицит энергии невозможен; увеличение потребления в результате экономического роста всегда будет обеспечиваться бесконечно растущим предложением без повышения цен. Простые математические рассуждения показывают, что здесь не так. Если сажать одно новое дерево вместо двух срубленных, то в конце концов деревья кончатся. Если ресурсы не восполняются с той же скоростью, с какой их потребляют, то в итоге они истощаются. Столь ненасытно потребляемые нами запасы нефти накапливались миллионы лет и могут быть восполнены только в результате естественных процессов, а на это уйдут еще миллионы лет.

Наконец, поскольку принято считать, что с экономической точки зрения у нас все лучше, чем у наших предков, в отчете предполагается постоянный, устойчивый равновесный рост: около 2,5–3% в год. Именно это допущение больше всего злило Эйрса. По его мнению, экономика никогда не находится в равновесии, потому что равновесие термодинамически невозможно; беспорядок всегда возрастает. Экономика подчиняется энтропии. И рост никогда не бывает плавным и неизменным. Долгосрочный рост, а также продвижение к экологической устойчивости требуют радикальных и опрокидывающих прежнее положение дел инноваций, в результате которых появляются новые продукты и услуги.

С начала индустриализации экономический рост всегда основывался на инновациях, требующих все более дешевой энергии. Однако Эйрс подчеркивает, что ценность, которую мы приписываем энергии, не меняется линейно и упорядоченно. Первому человеку, обнаружившему, что из принадлежащего ему каменистого участка сочится странная черная субстанция, богатство не гарантировано. Ценность нефти росла и падала вместе с развитием промышленности. По мнению Эйрса, энергия питает экономику, но и экономическая деятельность также возникает из-за доступности энергии. Это двунаправленный процесс.

«Увеличение спроса на автомобили стимулировало спрос на асфальтоукладчики, светофоры и адвокатов, специализирующихся на возмещении ущерба от травм, а со временем — и на оружие для войны в Персидском заливе, репортеров, освещающих ситуацию на дорогах, сетевые придорожные кафе и копирайтеров рекламных агентств», — говорил Эйрс. Экономический рост — это цикл с положительной обратной связью. Доступность товаров и услуг вызывает спрос; спрос вызывает инвестиции и расширение производства; удешевление за счет масштаба приводит к экономии; экономия приводит к снижению цен; снижение затрат стимулирует спрос и приводит к созданию совершенно новых товаров и услуг, после чего весь цикл повторяется снова.

Экономическая история и технический прогресс во многом определялись этим циклом с положительной обратной связью, причем изменения могли быть резкими и переворачивающими всю ситуацию. Инвестиции не всегда окупались: чтобы промышленные товары можно было легко перевозить по воде, в Англии XVIII в. в развитие сети каналов были вложены огромные средства, но уже через поколение все это стало не нужно, поскольку грузы теперь перевозились по новым железным дорогам.

Экономистам не всегда удавалось предсказать многие важнейшие перемены: переход от паровой энергии к электрической, от барж к паровозам, от океанских лайнеров к воздушным. Изменения приводят к созданию новых активов, но одновременно и к обесцениванию старых, а это значит, что на фоне суммарного экономического роста мы можем видеть огромное множество взлетов и падений, победителей и проигравших.

Инновации действительно повышают эффективность, поскольку изобретаются новые процессы и технологии, но повышение эффективности не является единственной движущей силой роста. Автомобиль с гидроусилителем руля, кондиционером и электронным управлением впрыском будет гораздо более инновационным, чем аналогичная модель полувековой давности, но процессы, с помощью которых были созданы эти дополнительные функции, опирающиеся на технологии, которых не существовало

50 лет назад, могут быть сопряжены с огромными непроизводительными затратами. Наиболее выгодными являются подходы, которые подразумевают наиболее продуктивное использование эксергии.

Подумайте, например, что будет эффективнее с точки зрения расхода энергии: ездить на старом автомобиле или купить новый электрический? Согласно исследованиям производство электромобилей является энергоемким и может приводить к значительным выбросам углекислого газа. В 2018 г. ученые из Шведского института экологических исследований выяснили: при производстве батарей для электромобилей в атмосферу выбрасывается от 61 до 106 кг CO_2 на киловатт-час емкости батареи. Это означает, что батарея емкостью 100 кВт·ч может приводить к выбросу более шести тонн CO_2 только на этапе ее производства, что эквивалентно эксплуатации бензинового автомобиля в течение чуть более года.

Несомненно, за прошедшие десятилетия многие промышленные процессы стали более эффективными — энергетический кризис 1970-х гг. заставил встрепенуться многих. В конечном счете экономию можно определить как стремление делать больше с меньшими затратами. Однако выигрыши в термодинамической эффективности по-прежнему накапливаются в основном в начале процесса производства, будь то сжигание ископаемого топлива или выработка энергии из возобновляемых источников; при этом в конце, как и прежде, происходит разбазаривание рассеиваемого тепла. Чтобы приносить больше пользы, инновации должны приводить к значительному сокращению потребления сырья и энергии, а также к усовершенствованию способов использования и переработки отходов.

* * *

Возвращаясь к моей работе в Вашингтоне, можно сказать, что по теории Эйрса Киотский протокол был, вероятно, с самого начала обречен на провал. Он опирался на общепринятые экономические теории, предполагающие, что энергия является промежуточным товаром, а не жизненно важным и материальным компонентом всей экономики. Термодинамика учит нас, что энергия — это нечто фундаментальное; то, что не создается и не уничтожается в результате человеческой деятельности, а лишь преобразуется. Можно заменить одну менее эффективную технологию другой, более эффективной, например перейти с нефти на электричество, но это не обязательно обернется общим выигрышем, если за балансом между эксергией и анергией по-прежнему никто не следит.

Точка зрения Эйрса фактически перечеркивает современные экономические воззрения. В будущем экономические модели должны строиться на основе не двух, а трех одинаково важных факторов производства: капитала, труда и *энергии*. И в них должны описываться и учитываться вредные побочные продукты потребления и производства, такие как отходы и выбросы.

По словам Эйрса, неправы тут не только классические экономисты. Как ни парадоксально, но активисты движения за устойчивое развитие также могли бы взять на вооружение знания из области термодинамики. В последние годы экологи выступают за замену вредных источников энергии и материалов на более экологичные. Но просто перераспределять ресурсы туда-сюда бесполезно. Экологически чистые источники энергии подчиняются тем же законам термодинамики, что и дорого обходящиеся природе; они не бесконечны и также дают отходы. Если обращаться с ними неправильно, то мы допустим те же ошибки. Только поставив энергию в центр своей стратегии — и любых будущих договоров по вопросу глобального потепления, — мировые лидеры могут надеяться на устранение коренных экономических причин экологически неустойчивого роста.

Традиционно отличительной чертой крепкой экономики является здоровое денежное обращение, стимулируемое торговлей. Но то, как мы зарабатываем деньги, в конечном итоге важнее, чем то, как мы их тратим. Если за товарами и услугами тянется огромный шлейф отходов, то, независимо от наблюдаемого состояния экономики, мир беднеет. Все наши проблемы, по сути, сводятся к неэффективному использованию эксергии.

Причиной многих самых значительных изменений в промышленности и экономике становились кризисы. Инновации возникали только тогда, когда старые методы переставали работать или их оказывалось недостаточно. Во время Второй мировой войны острая необходимость в передовых технологиях привела к прорывным разработкам в области радиолокации, реактивных двигателей и ядерной энергии. Нефтяной кризис 1970-х гг. подтолкнул человечество к повышению эффективности использования топлива и поиску альтернативных источников энергии. В последнее время опасения по поводу изменения климата и истощения ресурсов ускорили развитие возобновляемых источников энергии, таких как энергия ветра и солнца. Кризисы могут оказываться катализатором стремительных инноваций и стимулировать внедрение новых технологий, которые изменят экономику и общество.

Но благодаря тому, что физика и другие науки дают нам возможность глубже анализировать ситуацию, мы стали более дальновидными, чем наши предки. Теперь, понимая, что назревает кризис, мы можем скорректировать свои действия заблаговременно. Безусловно, мы вполне могли бы инвестировать в более эффективное оборудование, которое позволит использовать эксергию по максимуму — скажем, в машины, работающие на переработанной энергии, в лучшую термоизоляцию и т. д.

Но эти перемены обойдутся недешево. У бизнесменов это обычно вызывает негативную реакцию, и они либо все останавливают, либо сокращают расходы, тем самым снижая практическую значимость. Мало кто готов вкладывать деньги в то, что окупится более чем за два-три года.

Следовательно, чтобы люди сочли, что такое лечение им подходит, необходимо показать, что оно намного лучше болезни. Как отмечал Эйрс, нынешние затраты могут неприятно смотреться в вашем годовом отчете, но будущие прибыли могут оказаться огромными, как только начнет сказываться эффект масштаба — не говоря уже о других долгосрочных преимуществах, таких как новые продукты и услуги, которые приведут к появлению их еще более современных применений. Экономика становится гораздо мощнее, чем прежде. Такое уже случалось — например, с изобретением электрического освещения, телефонов, автомобилей, самолетов, телевидения или электроники — и может случиться снова. Разница в том, что многих преимуществ этих новых технологий никто не предвидел. Будет здорово, если теперь эти преимущества можно будет учитывать заранее и все под них планировать.

Однако в спорах о затратах все обычно сводится к тому, кто будет платить за это прямо сейчас и насколько широко будет распределяться полученная выгода впоследствии. Это очень политизированные вопросы, а чем больше в вопросе политики, тем выше вероятность того, что он будет отложен в долгий ящик дожидаться следующего поколения. Человеческую природу не изменить, совсем как законы движения Ньютона, поэтому нам нужно изменить среду, в которой действуют люди. Следовательно, необходим новый язык для описания ситуации, понятный скептически настроенным инвесторам, которые, откровенно говоря, предпочли бы оставить все как есть.

Если мы продолжим идти по нынешнему пути крайне неэффективного использования энергии, нас ждет социальная, экономическая и экологическая катастрофа. Тема устойчивого развития обычно ассоциируется с более либеральными и левыми политическими режимами, но я считаю, что подходы Эйрса могут быть понятны всем, от левых до правых. Почти каждый готов признать, что в конечном итоге любой бюджет нуждается в сведении баланса. Интеграция законов физики в экономическую теорию позволяет нам это сделать.

Что касается меня, то благодаря термодинамике я узнал много нового о собственном энергопотреблении. Бесконечно откладывая написание своего отчета, я понял, что не имеет значения, сколько кофе я пью; просто повысить уровень энергии недостаточно. Мне нужно было изменить соотношение эксергии и анергии. Эксергия представляет собой максимальную потенциальную работу, которую можно извлечь из системы. Для меня это было равносильно пику мотивации и творческой энергии, который бывает у меня с утра. Анергия же означает бесполезно растрачиваемую энергию, подобную истощению мотивации и умственной усталости, которые я испытывал по ходу дня.

С годами я выработал такую тактику: просыпаться раньше, больше заниматься спортом и прятать подальше отвлекающие устройства. Она помогает мне нарастить и максимально использовать свою эксергию. Я также понял, что по крайней мере в человеческом метаболизме эксергия меняется циклически. Наступает момент, когда любые дальнейшие усилия превращаются в анергию — энергию, растрачиваемую впустую. Главное — распознать эти моменты и не сопротивляться им. Иногда лучше сделать перерыв или даже просто прекратить работу. Нам всем, а не только физикам и экономистам нужно учиться распоряжаться своей энергией.

Глава 5

Физика разбитого сердца

До встречи с женой у меня было относительно немного романов, удачных и не очень. В парочке удачных мы шли на компромиссы, доверяли друг другу, что позволяло справляться с временными трудностями, и не делали трагедии из всего подряд. К сожалению, мне выпало пережить и несколько менее позитивных отношений: таких, когда одно неосторожное слово могло привести к серьезной ссоре, таких, что ни я, ни моя девушка не были уверены в том, что думает другой, таких, которые чаще всего заканчивались тем, что меня бесцеремонно бросали. Отношения можно оценивать по-разному, но, как физик, я считаю, что отличие хороших от плохих сводится к единственному фактору: стабильности.

Мои удачные отношения были стабильными по своей сути. Физик мог бы сравнить людей в стабильных отношениях с двумя мячами во впадине. Представьте, что вы слегка толкнули один из них. Что произойдет? Скорее всего, они не укатятся далеко. Из-за силы тяжести и кривизны впадины они скатятся вниз и снова встретятся в центре. Два мяча во впадине — пример того, что физики называют устойчивой системой.

А мои неудачные отношения характеризовались отсутствием стабильности. Представьте те же два мяча, но на этот раз лежащие на горке. Что произойдет, если толкнуть любой из них? Мячи те же самые, силы на них действуют те же, но на этот раз их поведение будет совершенно другим. Скорее всего, они окажутся гораздо дальше друг от друга, а может, и вовсе скатятся до самого низа. Это пример неустойчивой системы.

Чтобы на уровне интуиции понять, что такое нестабильность, не нужно иметь за плечами череду неудачных отношений. Ее определение будет одинаковым и в случае эмоций, и для финансовых рынков или ядерных реакторов. Нестабильность можно понимать как склонность людей или вещей к непредсказуемым, резким, изменчивым или хаотичным действиям. Это как с мячом на горке: когда ситуация нестабильна, самые незначительные толчки могут привести к огромным изменениям.

В последние годы нестабильность явно проявляется в одном конкретном, но совершенно основополагающем аспекте нашего общества — в демократических выборах. 23 июня 2016 г. я, как и многие другие, ложился спать с ощущением уверенности в завтрашнем дне. Это был день исторического референдума о выходе Великобритании из Европейского союза, и все признаки указывали на решительную победу варианта «остаться». Накануне по результатам последнего перед голосованием онлайн-опроса, проведенного компанией Populus, этот вариант имел преимущество в 10% — 55 против 45%. Последнее, что я прочитал в тот вечер перед тем, как закрыть ноутбук, были слова эксперта по прогнозированию исходов голосований: «Если победит вариант “покинуть”, это будет самая большая ошибка в предвыборных опросах за последние 25 лет».

Членство в Европейском союзе долгое время создавало огромные сложности для британских премьер-министров. Великобритания впервые председательствовала в ЕС (тогда ЕЭС) в 1977-м, в год моего рождения. В то время в нем было всего девять стран-членов. Но даже тогда отношения были далеко не простыми. Соединенное Королевство считалось «больным человеком» Европы из-за плохой экономической ситуации, могущественных профсоюзов и немолодого премьер-министра Джеймса Каллагэна, который едва удерживался на своем посту. Конечно, его преемнице тоже пришлось нелегко. Мне было 13 лет, когда ушла в отставку Маргарет Тэтчер: эту новость нам сообщил по школьному радио директор, и, как я сильно подозреваю, он едва сдерживал слезы. Отчасти Тэтчер была вынуждена покинуть свой пост из-за тех членов своей партии, которые были не согласны с ее скептическим отношением к Европе.

В последующие годы разногласия по поводу членства в ЕС становились в Консервативной партии все сильнее. В 2013 г. премьер-министр Дэвид Кэмерон наконец заявил, что этот вопрос будет решен раз и навсегда. Он пообещал, что, если его партия победит на следующих всеобщих выборах, он проведет общенациональный референдум по вопросу о том, оставаться ли стране в ЕС. Более того, хотя по закону референдум и не имеет обязательной силы, Кэмерон пообещал, что его правительство непременно воплотит результаты голосования в жизнь. Консерваторы, как мы знаем, победили, и в феврале 2016 г. процесс подготовки к проведению референдума о выходе из ЕС официально стартовал.

Четырехмесячная кампания разделила общество на два противоборствующих лагеря. Сторонники варианта «покинуть» выступали против всего того, что, по их мнению, шло не так за четыре десятилетия членства в ЕС. Они утверждали, что после выхода из союза британские компании смогут заключать торговые сделки по всему миру на своих условиях. Можно будет ужесточить контроль над иммиграцией. Суверенитет британских судов и парламента будет наконец восстановлен. И конечно, с выходом из ЕС высвободились бы огромные суммы денег. Один из лозунгов на печально известном теперь агитационном автобусе кампании за выход из ЕС гласил, что в таком случае страна сможет экономить 350 млн фунтов стерлингов в неделю и что эти деньги можно будет пустить на нужды Национальной службы здравоохранения.

В противовес этому бесчисленные экономисты, ученые и бизнесмены утверждали: выход из ЕС станет для Великобритании не чем иным, как катастрофой. Сторонники варианта «остаться» настаивали, что, пробыв членом союза целое поколение, страна вряд ли сможет уйти, не нанеся себе непоправимого ущерба, ведь экономика и вообще судьба Великобритании слишком тесно связаны теперь с ЕС. Многие утверждения сторонников варианта «покинуть» — например, о британском суверенитете или о высвобождающихся деньгах — разоблачались как наглая ложь.

В день голосования в бюллетенях стоял простой вопрос: «Нужно ли Соединенному Королевству оставаться членом Европейского союза?» Голосующим было предложено два однозначных ответа: «Остаться» или «Покинуть». Это было самое важное решение о будущем Великобритании за всю мою жизнь.

Несмотря на бесспорную энергичность активистов кампании в поддержку выхода из ЕС, у меня было много веских причин быть уверенным в победе варианта «остаться». Референдум воспринимался как уступка правым силам в Консервативной партии, обещанная Кэмероном, чтобы их угомонить, хотя он явно не верил в возможность проигрыша. Правительство консерваторов официально выступало за сохранение членства в ЕС, а ни один референдум в истории Великобритании до этого не дал результата, идущего вразрез с политикой текущего правительства. Кампания в поддержку варианта «остаться» представляла собой охватывающее весь политический спектр слаженное движение с одним четким посылом: пусть все остается как сейчас. А кампания в поддержку варианта «покинуть» была сборной солянкой из различных групп интересов, и все они обещали разное, так что никто не знал, каковы будут реальные последствия выхода из ЕС. Отношение британской общественности к Европе считалось в целом благоприятным. Люди моего возраста вообще не помнили ничего другого, кроме членства в союзе.

Однако утром 24 июня 2016 г. я, как и вся страна, проснувшись, узнал, что победу одержал вариант «покинуть». За него проголосовало 51,89%, а за то, чтобы остаться, — 48,11%. Это действительно оказалось самой большой ошибкой в предвыборных опросах за последние 25 лет. Кроме того, так дала о себе знать никем не замечавшаяся, но глубоко укоренившаяся нестабильность.

Нестабильными могут быть не только романтические отношения. Отношения между странами, а внутри них между правящими кругами и населением, также могут носить нестабильный характер. В последнее время становится все труднее предсказывать коллективные решения, которые мы как общество принимаем на избирательных участках — они очень сильно и неожиданно меняются от одной крайности к другой. Можно ли разобраться в происходящем с помощью физики?

* * *

Пожалуй, в победе варианта «покинуть» никто не сыграл более значительной и вызывающей споры роли, чем главный архитектор этой кампании Доминик Каммингс. В своем блоге он много пишет о том, каким образом ему удалось добиться победы. Огромное значение имело то, как использовались данные. Информация собиралась на основе анализа социальных сетей, онлайн-рекламы, веб-сайтов, приложений, прямой агитации, почтовой рассылки, опросов, сбора средств в интернете и отзывов активистов — раньше такого не практиковалось. Но настоящий секрет успеха заключался в том, что Каммингс сумел привлечь в свой штаб правильных людей, которые к тому же не принадлежали к таким традиционным сферам, как политика, бизнес или экономика. Это были физики.

Кампания в поддержку варианта «покинуть» была уникальна тем, что почти все ее средства были переданы в распоряжение людей, которые обычно анализируют результаты количественных экспериментов с элементарным и частицами, а не количественных опросов населения. Для анализа данных были привлечены эксперты в области физики. Само собой, физики считать умеют, поэтому их навыкам было несложно найти применение. Но для Каммингса ценность физики выходила за рамки работы с цифрами. Речь шла об образе мышления. В своем блоге Каммингс цитировал совет покойного великого физика Ричарда Фейнмана: «Главное — не обманывать самого себя. А себя-то обмануть легче всего».

По словам Каммингса, в кампании в поддержку выхода из ЕС физики выступали «жестким ограничителем, не позволявшим нам обманывать самих себя», и он дал им право ставить под сомнение мнение любого, включая его самого. Несмотря на отсутствие опыта в политике, физики, работавшие в штабе кампании, оказывали огромное влияние на процесс принятия решений. По словам Каммингса, свои взгляды они формировали, применяя к политике тот же набор приемов, что и в любой физической задаче: выявить проблему, разложить ее на простейшие составляющие, выдвинуть гипотезу, проверить ее, поставить результаты под сомнение, а затем сформулировать вывод. Другими словами, они использовали научный метод. Каммингс настолько убежден в ценности физики, что писал: «Если вы молоды, умны и интересуетесь политикой… изучайте физику. Книги по истории вы сможете прочитать и потом, а вот разобраться в физике — вряд ли».

Несмотря на советы Каммингса, в наши дни в политике не так много настоящих физиков, как среди аналитиков, так и среди самих политиков. Армен Саркисян — один из немногих. Саркисян был президентом Армении с 2018 по 2022 г., но до прихода в политику он был физиком-теоретиком, коллегой покойного Стивена Хокинга по Кембриджу и лауреатом Ленинской премии в области науки.

Он уверен, что политика должна рассматриваться с точки зрения законов квантовой физики, и даже придумал новую фразу для ее описания: квантовая политика.

По мнению Саркисяна, нам необходимо пересмотреть свои представления о том, как устроена политика, с учетом того, как с годами поменялось наше понимание физики. Мы уже обсуждали, что в классическом описании Ньютона мир был линейным, предсказуемым и даже детерминированным. В отличие от этого, квантовый мир крайне неопределен и пронизан взаимосвязями. Принцип неопределенности гласит, что невозможно с идеальной точностью одновременно измерить положение и импульс элементарной частицы, например фотона или электрона. Чем больше мы знаем о ее положении, тем меньше мы знаем о ее импульсе, и наоборот. В квантовом мире реальность меняется под влиянием самого акта наблюдения.

Саркисян сравнивает это с тем, как мы все сегодня видим в социальных сетях индивидуальные новостные ленты, каждая из которых подсказывает свою интерпретацию событий. Если вы перестаете пролистывать страницы, чтобы прочитать какую-либо новость, алгоритм выдаст вам больше контента на сходные темы. Благодаря таким персонализированным лентам создаются «информационные пузыри», в которых потребляемые нами материалы подкрепляют наши уже существующие убеждения, что приводит к еще большей поляризации мнений. Как и в квантовой механике, где наблюдение за частицей меняет ее состояние, в политике акт потребления информации влияет на то, какую информацию мы получим в дальнейшем, что еще больше изменяет наше восприятие и поведение. Я не знаю, разбирался ли Каммингс и его команда в квантовой физике так же хорошо, как

Саркисян. Но то, как они использовали данные и точно таргетированные социальные сети в ходе кампании по выходу из ЕС, говорит о том, что они интуитивно уловили ее основные уроки.

Квантовый взгляд на политику также, возможно, объясняет, почему предвыборные опросы ненадежны по самой своей сути. Сам акт измерения — в данном случае процесс расспросов о том, как люди планируют голосовать, — меняет результат. Представьте себе фокус-группу, состоящую из родителей. Мало кто из них признается, что покупает детям фастфуд. Однако McDonald's в ближайшее время закрываться не собирается. В опросах о том, что люди ищут в интернете, лишь немногие признаются, что регулярно ищут порнографию. Тем не менее это один из самых распространенных поисковых запросов. Чем объясняются такие расхождения? Люди часто искажают информацию о своем поведении, чтобы представить себя в выгодном свете. Это явление известно под названием «предвзятость социальных предпочтений». Традиционные опросы могут быть ошибочными, поскольку люди не всегда говорят правду. Урок из физики: изучайте реальные поступки людей, а не то, как они себя ведут по их же словам.

Население Армении — 3 млн человек, но, что очень важно, существует еще примерно десятимиллионная диаспора, состоящая из переехавших за границу этнических армян или их потомков, которые по-прежнему считают себя армянами. В 2018 г. армяне диаспоры так решительно мобилизовались в социальных сетях против премьер-министра и бывшего президента Сержа Саргсяна, что тот был вынужден уйти в отставку. Саркисян описывает этот случай, когда главу государства сместило с поста население, даже не проживающее в его стране, как событие «квантового порядка». Такой результат невозможно было предсказать в рамках традиционной политики.

Квантовый взгляд Саркисяна на политику позволяет проводить мощные аналогии. В последние годы новое поколение физиков пошло дальше и с помощью физических теорий пытается еще глубже разобраться в том, как мы все принимаем решения во время выборов.

Спустя несколько месяцев после референдума о выходе Великобритании из ЕС, 23-летний физик Алекс Зигенфельд стал аспирантом в Массачусетском технологическом институте. Первоначально его диссертация должна была быть посвящена физике аккумуляторов и солнечных батарей — технологиям, которые в один прекрасный день могли бы решить важные проблемы энергетического сектора. Зигенфельд всегда немного интересовался политикой и экономикой, но никогда не рассматривал их в качестве своей возможной профессии. Однако в 2016 г. все изменилось.

Как и я, Зигенфельд был озадачен результатами референдума о выходе из ЕС. Но для него все это происходило по другую сторону океана. Чтобы по-настоящему привлечь его внимание, потребовалось событие гораздо ближе к дому. Через пять месяцев после голосования в Великобритании граждане США пришли на избирательные участки, чтобы выбрать своего следующего президента. Почти все эксперты предсказывали сокрушительную победу кандидата от демократов Хиллари Клинтон. Но, как и в британском случае, все они оказались неправы. После внезапного триумфа Дональда Трампа мир столкнулся со вторым совершенно неожиданным и, казалось бы, непредсказуемым исходом голосования.

За прошедшие с тех пор годы было немало написано о социальных, политических и экономических параллелях между выходом Великобритании из ЕС и президентскими выборами в США 2016 г. В центре дебатов, сопровождавших оба этих события, стояли вопросы иммиграции, суверенитета и нативизма. В обоих случаях победили праворадикальные популистские движения. И там и там они привлекли к себе слои населения, которые годами копили обиду и гнев на традиционных политиков, выражавших господствующие в обществе взгляды. Но, пожалуй, самое интересное заключается в том, что оба события сопровождались невероятно высоким уровнем сожалений.

Может показаться, что сожаление — крайне субъективное чувство, но вот уже сотни лет ученые пытаются измерять и оценивать его количественно. В XVIII в. английский статистик, философ и пресвитерианский священник Томас Байес даже вывел формулу для измерения сожаления. Для любого решения он определил «байесовское сожаление» как разницу между полезностью наилучшего из возможных решений и ожидаемой полезностью решения фактического. Полезность — это просто еще один способ описания ценности или выгоды результата чего бы то ни было.

Для примера представьте, что вы отправились в супермаркет, решив потратить 100 долларов только на полезные для здоровья продукты. Мы можем описать этот исход как полезность, равную 100. Однако в реальности, если вы похожи на меня, то, вероятно, выйдете из магазина, потратив на полезные продукты только 70 долларов и спустив остальное на шоколадки. Поэтому можно сказать, что реальная полезность этого решения — всего 70.

В этом очень простом сценарии байесовское сожаление определяется как разность между этими двумя величинами: 100–70 = 30.

Это пример индивидуального решения, но ту же логику можно применить и к коллективным решениям, которые мы принимаем всем обществом, даже к таким масштабным, как национальные выборы и референдумы. Теоретически для каждого избирателя можно определить личную полезность любого потенциального кандидата. Другими словами, если бы этот кандидат победил, сколько пользы он привнес бы в жизнь этого избирателя? Мы могли бы углубиться в детали того, как именно определять или измерять эту полезность, однако вполне можно утверждать, что для любых выборов в принципе технически возможно определить оптимальный исход. Выбор должен быть сделан в пользу кандидата, который после подсчета голосов создаст максимальную суммарную полезность для всего общества. Это электоральный эквивалент корзины, заполненной полезными для здоровья продуктами.

Однако в реальности часто побеждает кандидат с гораздо более низкой общественной полезностью. Люди отказываются от корзины с полезными продуктами и выбирают ту, что наполнена шоколадками и готовой едой для микроволновки. Это происходит не только потому, что у всех свои представления о том, что для них лучше, но и из-за таких факторов, как дезинформация, игра на эмоциях и отсутствие дальновидности. Люди могут проголосовать за кандидата, обещающего сиюминутную выгоду или вызывающего у них эмоциональный отклик, даже если этот выбор идет вразрез с их долгосрочными интересами.

В идеальном мире байесовское сожаление после выборов должно быть наименьшим. Однако чувство сожаления после референдума о выходе Великобритании из ЕС оказалось огромным. Хотя общая явка избирателей была относительно высокой и составила чуть более 72%, между возрастными группами наблюдались значительные различия. Пожилые люди, которые в целом выступали за выход из ЕС, очень слаженно пришли на участки. В голосовании приняло участие более 90% людей старше 60 лет. Молодежь же, которая в целом больше поддерживала вариант «остаться», в гораздо большем количестве отсиживалась по домам. Если бы, в частности, в стороне осталось поменьше граждан в возрасте от 18 до 34 лет, результат наверняка оказался бы другим.

Но сожалели не только те, кто не пришел проголосовать. В последующие за референдумом месяцы и годы многие из тех, кто проголосовал за выход, также испытали это чувство. В 2022 г. опрос компании YouGov показал, что каждый пятый из тех, кто выступил за выход, сожалеет о своем решении и хотел бы проголосовать иначе. Многие из этих людей, убежденные в том, что победит вариант «остаться», отдали свой голос за вариант «покинуть» из чувства протеста, о чем впоследствии и пожалели.

В 2023 г., согласно другому опросу YouGov, из 632 избирательных округов Великобритании только в одном — в приморских городках Бостон и Скегнесс — по-прежнему считали выход из ЕС правильным решением. Тот же опрос показал, что 54% граждан полагают, что Великобритания ошиблась, выйдя из ЕС, а 28% считают, что это решение было верным. Если бы Томас Байес дожил до 2016 г., он бы зафиксировал невероятно высокий уровень сожаления. Что еще хуже для тех, кто это сожаление испытывает, в отличие от обычных выборов, возможности проголосовать снова через четыре года тут не предполагалось. Референдум окончательно и, возможно, необратимо изменил характер страны. Британская общественность находилась в том же состоянии, что и инициатор резкого разрыва романтических отношений, который начинает задумываться, а не стоит ли начать все сначала.

Похожую историю мы наблюдали и после президентских выборов в США. В ходе опроса 2017 г. 20% проголосовавших за Дональда Трампа заявили, что сожалеют о своем решении, а 24% сказали, что в 2020 г. они, скорее всего, проголосуют за кого-то другого.

Зигенфельд обнаружил, что независимо от того, кто победил — Клинтон или Трамп, — у значительной части населения осталось бы чувство неудовлетворенности результатом. Некоторый уровень сожаления — нормальное свойство любого демократического соревнования. Но если чувство сожаления и неудовлетворенности становится повсеместным и долго не проходит, то, возможно, нам нужно начать беспокоиться.

Зигенфельд захотел разобраться в фундаментальной природе выборов и понять, что является причиной этой демократической нестабильности. Он даже подумывал об уходе из аспирантуры, но ему не хотелось покидать мир физики. Поэтому, не имея формального образования в области политической теории, он решил держаться предмета, который знал лучше всего. Объединившись с президентом расположенного в Кембридже (штат Массачусетс) Института сложных систем Яниром Бар-Ямом, он решил сменить тему своей диссертации — вместе с карьерой — на новую: физику демократической нестабильности.

* * *

Будучи физиками, Зигенфельд и Бар-Ям руководствовались научным методом. Одним из первых их наблюдений стало то, что выборы — невероятно сложный процесс. В них участвуют десятки миллионов людей, и у всех — свои индивидуальные личные качества, ценности, убеждения, интересы и опыт. В точности понять, как поведет себя каждый из них и как он будет взаимодействовать с другими, не говоря уже о том, чтобы предсказать общий результат выборов, практически невозможно. В главе 2 мы говорили о том, что внешне твердый и однородный мячик для крикета на самом деле состоит из бесчисленных элементарных частиц. Точно так же и выборы не являются единым целым; они составлены из поведения избирателей, которые в них участвуют. Даже если бы нам удалось полностью зафиксировать эту картину в любой конкретный момент времени, люди меняются, а вместе с ними меняются и их предпочтения при голосовании.

Но в мире физики для получения полезных и осмысленных результатов не всегда нужно знать о лежащих в основе процесса объектах или механизмах абсолютно всё. Зигенфельд проводит аналогию с тем, как физики, задолго до того, как они узнали о существовании атомов, смогли с высокой точностью описать поведение звуковых волн, которые, по сути, являются совокупностью движений атомов. «Пытаясь с помощью физики разобраться в поведении элементарных частиц нашей Вселенной, мы на самом деле не знаем деталей, лежащих в основе наших теорий, — пишет он. — Тем не менее мы можем предсказывать происходящее с невероятной точностью».

Сходным образом, по его словам, и для проведения содержательного анализа выборов исследователям не нужно знать мотивы и выяснять мнения отдельных избирателей. «Для понимания коллективного поведения социальных систем могут пригодиться методы и концепции из физики, но не потому, что люди похожи на электроны, а потому, что некоторые крупномасштабные процессы могут быть поняты и без представления о том, как работают задействованные в них компоненты мелкого масштаба».

Зигенфельд и Бар-Ям, как настоящие физики, прибегли к рассуждению из первопринципов и задали очень простой вопрос: «Что такое выборы? Какова их цель?» В своей работе, опубликованной в 2020 г., они предположили, что выборы «в основе своей являются средством суммирований многих мнений в одно: мнений граждан в мнение избранного кандидата». Признавая, что понятие «мнения» очень субъективно, для простоты они предположили, что эти мнения существуют в одномерном континууме: от левых до правых, от либералов до консерваторов, от «остаться» до «покинуть». Если принять это определение, то как тогда замерить успех выборов?

Разумно предположить, что, независимо от того, кто победит, успешными считаются демократические выборы, в которых конечный результат отражает мнение как можно большего числа членов общества. Чтобы проверить эту гипотезу, Зигенфельд и Бар-Ям проанализировали результаты президентских выборов в США начиная с конца Второй мировой войны. Для этого периода длиной более чем в 70 лет они сравнили состав избирателей с результатами голосования, пытаясь понять, насколько победивший кандидат отражал мнение всего населения.

Выяснилось, что с 1945 по 1970 г. наблюдалась сильная корреляция между мнением избирателей, оцениваемым согласно обширным социологическим данным и архивным свидетельствам, и конечными результатами выборов. Другими словами, победивший кандидат — будь то Рузвельт, Трумэн, Эйзенхауэр, Кеннеди или Никсон — был именно тем, кого на тот момент хотели избрать жители страны в своем большинстве.

Более того, несмотря на несомненные политические, социальные, культурные и экономические изменения, которые переживала страна в течение этого четвертьвекового периода, в США не наблюдалось большого размаха в результатах выборов. Каждый раз формировались новые администрации, но они в целом походили друг на друга. Например, переход власти от Рузвельта к Трумэну и потом к Эйзенхауэру был примером преемственности в области послевоенного восстановления и сдерживания коммунизма, а не чередой резких идеологических сдвигов. Выборы проявляли свойства устойчивой системы. Иными словами, их характер напоминал поведение мяча во впадине, описанное в начале этой главы. Независимо от того, куда «подталкивали» кандидатов-политиков, они естественным образом стремились приблизиться к средней позиции.

Те, кто жил в США в 1970-х гг., естественным образом ожидали, что эта тенденция демократической стабильности будет сохраняться и дальше. Принимая жизненные решения, мы часто неявно предполагаем линейность последующего развития событий. Мы считаем, что если что-то уже давно не меняется, то оно будет продолжать не меняться вечно. А если изменения вдруг и случатся, то они будут происходить постепенно и линейно зависеть от времени. Но все вышло совсем не так.

Начиная с 1970-х гг. результаты выборов в США стали совсем другими. Сдвиги в предпочтениях избирателей были теперь неожиданными и кардинальными. От Джимми Картера к Рональду Рейгану. От Джорджа Буша — старшего к Биллу Клинтону. От Джорджа Буша — младшего к Бараку Обаме. И конечно, от Обамы к Дональду Трампу. Подобно маятнику, раскачивающемуся из стороны в сторону с нарастающей амплитудой, все эти президенты очень сильно отличались один от другого.

Можно подумать, что причина, по которой страна стала избирать таких разных президентов, состояла в том, что в этот период менялось и мнение населения. Однако Зигенфельд и Бар-Ям утверждают, что кардинально разные исходы голосования нельзя объяснить одними только изменениями в общественном мнении. Согласно проведенному ими анализу, к непропорционально резким изменениям в результатах выборов приводили относительно небольшие сдвиги в предпочтениях избирателей. Другими словами, как и в случае с мячом на горке, который покатится вниз даже от малейшего толчка, сама по себе система стала неустойчивой.

Итак, напрашивается следующий вопрос: что произошло в 1970-х гг.? Как система потеряла стабильность? Физики называют изменения в состоянии системы фазовыми переходами. Кому-то, возможно, это напомнит сериал «Звездный путь», но мы наблюдаем фазовые переходы каждый день. Когда вы кипятите воду в чайнике, вы запускаете фазовый переход. Фаза — это состояние вещества, в данном случае твердое, жидкое или газообразное. Внутри любой фазы изменения происходят плавно и предсказуемо. Фазовый переход — это то, что случается, когда в плавном и предсказуемом поведении возникает разрыв.

Причиной его обычно бывает очень небольшое изменение во внешней среде; в случае с водой — когда ее температура проходит точку кипения.

Изначально вода в чайнике — это жидкость, состоящая из молекул H_2O. Когда вы включаете чайник, энергия отдельных молекул H_2O начинает постепенно нарастать. Вода становится горячее. Вскоре в воде появляются пузырьки, и она нагревается настолько, что до нее невозможно дотронуться. Но это все еще жидкость. Однако в итоге происходит изменение, наступает переломный момент — температура увеличивается еще где-то на полградуса. При 100 °С вода закипает и превращается в газ, который мы называем паром. После перехода через эту точку вода выглядит совершенно иначе, чем в жидком состоянии. Отдельные молекулы имеют точно такой же химический состав, как и раньше, но как совокупность они ведут себя совершенно по-другому. Самое главное тут то, что к таким масштабным переменам приводит лишь небольшое изменение температуры — было чуть ниже 100 °С, а стало чуть выше. Вся система внезапно переходит из одной фазы в другую и начинает проявлять себя совершенно по-иному.

Подобные фазовые переходы наблюдаются и у металлов кобальта, никеля и железа. При комнатной температуре эти вещества, называемые ферромагнетиками, обладают сильными магнитными свойствами. Если нагревать ферромагнетик, он может стать горячим на ощупь и даже начать светиться. Но он остается в той же фазе и не теряет своих магнитных свойств. Так будет до тех пор, пока вы не нагреете его до некой очень конкретной температуры, которая в случае железа составляет 769 °С — примерно как у пламени свечи. При этой температуре железо резко меняется, полностью теряя магнитные свойства. Может показаться, что из-за нагрева металл каким-то образом изменился навсегда. Но если охладить его ниже той самой магической температуры в 769 °C, он так же резко снова начнет притягиваться магнитами.

Это так называемый эффект Изинга. Как и все материалы, ферромагнетики состоят из мельчайших субатомных частиц. Подобно монете, у которой есть две стороны — орел и решка, — у этих частиц есть два «направления»: либо вверх, либо вниз. Физики называют эту характеристику спином. При обычных температурах субатомные частицы в ферромагнетике, скорее всего, будут иметь одинаковый спин, как будто все они направлены в одну сторону. Собственно, именно эта преимущественная согласованность спинов и делает металл магнитным. Но при нагревании материала спины начинают меняться. Они становятся неупорядоченными, произвольным образом направляясь либо вверх, либо вниз. С повышением температуры беспорядочность нарастает, но в своей основе фаза металла — его магнитные свойства — остается неизменной. Так продолжается до той самой волшебной температуры. При 769 °C железо внезапно и мгновенно превращается из магнитного в немагнитное. Когда оно остывает, спины выравниваются, и магнитные свойства почти мгновенно возвращаются.

Теперь понемногу становятся различимы параллели между этими физическими концепциями и политикой. В 1940–1970-х гг. президентские выборы в США находились в стабильном фазовом состоянии. Тем не менее в те же десятилетия нарастало действие незаметных, но мощных факторов. Затем, примерно в 1970-е гг., что-то кардинально изменилось. Зигенфельд и Бар-Ям считают, что в этот момент президентские выборы в США претерпели фазовый переход, в результате чего вся система стала неустойчивой.

В случае с водой или ферромагнетиком фазовые переходы происходят под воздействием тепла. Кто-то подогревал американских избирателей? В некотором смысле, да. Зигенфельд и Бар-Ям утверждают, что выборы все сильнее «раскаляла» растущая поляризация кандидатов. Один из способов оценить этот метафорический нагрев — посмотреть на язык, применявшийся во время избирательных кампаний. Наши ученые посчитали долю «поляризующих» слов, использованных во время каждых выборов. С 1940 по 1970 г. уровень поляризации был относительно низким и стабильным. Но начиная с 1970-х гг. он начинает нарастать и становится все более заметным.

Одной из причин этого роста стало изменение процедуры отбора кандидатов для президентских выборов. На протяжении большей части XX в. первичные выборы с необязательными к исполнению итогами проводились — для оценки общественного мнения и предварительного отбора кандидатов перед общенациональными выборами — лишь в нескольких штатах, а официально Демократическая и Республиканская партии выбирали своих кандидатов за закрытыми дверьми, «в прокуренных комнатах». Этот процесс, не предполагающий голосования широких слоев населения, по понятным причинам смотрелся слишком непрозрачным и недемократичным. Слабости такой системы ярко проявились на президентских выборах 1968 г., когда тогдашний вице-президент Хьюберт Хамфри был выдвинут кандидатом от демократов, несмотря на то что не выиграл за всю жизнь ни одних выборов. Он с треском проиграл республиканцу Никсону. Начиная с выборов 1972 г. — вторых победных для Никсона — кандидатов стали чаще выбирать на основании результатов первичных выборов. Неслучайно именно с Никсона началась эпоха роста поляризации.

Можно было бы подумать, что переход к первичным выборам приведет к появлению большего числа кандидатов, которые действительно соответствуют предпочтениям избирателей. На первый взгляд такой вариант действительно кажется более демократичным. Однако на деле получилось так, что успех ждал кандидатов, которые умели работать на первичных выборах, но не обязательно лучше всего подходили для выборов всеобщих. Чаще всего они побеждали из-за того, как реагировали на внутрипартийные запросы, а более широкий взгляд, который требуется от национального лидера, роли тут не играл. Возможно, дискуссии за закрытыми дверьми — это пережиток менее демократичной эпохи, но они, пожалуй, позволяли надежнее отбирать кандидатов, хорошо подходящих для общенационального голосования.

Такая поляризация оказывает огромное влияние на электорат. Для наглядности можно представить себе простой график с политическими предпочтениями по горизонтальной оси и числом людей, придерживающихся таких взглядов, по вертикальной. С 1940-х по 1970-е гг. форма этого графика напоминала колоколообразную кривую. В центре находится пик, который постепенно спадал по мере продвижения к краям. Как мы видели в главе 1, колоколообразные кривые часто встречаются в физике.

Применительно к выборам такая колоколообразная кривая означает, что взгляды большинства людей лежат где-то в середине политического спектра. Поэтому вполне естественно, что любой потенциальный кандидат, чтобы максимизировать вероятность своей победы, будет стремиться к центру, поскольку именно там у него самые высокие шансы привлечь наибольшее количество избирателей. Если предпочтения электората менялись, они смещались влево или вправо от центра, но из-за высокой концентрации избирателей в середине изменения не были критичными. Это обеспечивало системе внутреннюю стабильность, как в случае с мячами во впадине.

Но когда поляризация электората увеличивается, плавная колоколообразная кривая исчезает. С ростом числа людей, придерживающихся все более крайних взглядов, возникает совсем другая кривая. Все меньше граждан тяготеют к середине политического спектра, и поэтому эта часть графика опускается ниже. Вместо нее появляются два пика: слева и справа. В физике это называется М-образным графиком.

Какую стратегию вы бы избрали на месте политика, стремящегося выиграть выборы и столкнувшегося с М-образным электоратом? Смысла искать избирателей в центре больше нет. Вы с гораздо большей вероятностью заняли бы позицию, которая привлекает избирателей в одном из двух пиков, игнорируя мнения другой стороны. Силы, которая сдвигала бы все партии к центру, отныне просто нет.

Это означает, что при небольших изменениях во мнениях избирателей вы получаете не пропорционально небольшое изменение результата, а потенциально огромную амплитуду маятника. В итоге с каждыми последующими выборами политические партии начинают выдвигать кандидатов, чьи позиции находятся все дальше от центра. Таким образом, возникает замкнутый круг: поляризованные избиратели порождают поляризованных кандидатов, которые порождают еще более поляризованных избирателей.

В итоге мы приходим к возможно одному из самых удивительных выводов в этой книге. Представьте себе наш мяч на горке. Теперь мы знаем, что это неустойчивая система. Если мы слегка подталкиваем мяч влево, можно с полным правом ожидать, что он покатится по левому склону. Но что, если бы на самом деле он покатился по правому? Это совершенно противоречило бы нашим интуитивным ожиданиям, но именно в этом состоит один из выводов Зигенфельда и Бар-Яма. Они назвали это явление отрицательным представительством*.

Ученые обнаружили, что при неустойчивости избирательной системы, как и при принятии любого другого коллективного решения в условиях нестабильности, всегда найдутся мнения, которые будут представлены отрицательно. Это означает, что при сдвиге политических взглядов граждан в одном направлении странным образом побеждает кандидат противоположного толка. Именно это и произошло в 2016 г. как в США, так и в Великобритании.

В случае с президентскими выборами избирателям пришлось решать, кому отдать свой голос: левоцентристскому кандидату Хиллари Клинтон или гораздо более правому кандидату Дональду Трампу. В стабильной системе чем больше левых по убеждениям избирателей, тем выше вероятность победы левоцентристского кандидата. Но если средние настроения электората сдвинутся слишком далеко влево, эти избиратели могут счесть и Клинтон, и Трампа

* 'Negative representation and instability in democratic elections', Alexander F. Siegenfeld and Yaneer Bar-Yam, *Nature Physics*, 16, February 2020. https://www.nature.com/articles/s41567-019-0739-6.epdf

одинаково непривлекательными, и тогда они решат не голосовать вообще или проголосуют за кандидата от третьей партии, например за Джилл Стайн. В день выборов они остаются дома и, таким образом, сокращают количество левых голосов настолько, что противовеса, сдвигающего ситуацию в сторону центра, просто не остается. Сокращение числа крайне левых голосов фактически привело к укреплению позиции кандидата, который им больше всего не нравится. В итоге побеждает крайне правый кандидат, хотя большинство людей в стране хотят совсем не этого.

Точно так же было и в случае с выходом из ЕС: избиратели стояли перед выбором между крайне эмоциональной риторикой правых, выступавших за вариант «покинуть», и умеренными, менее эмоциональными аргументами за вариант «остаться». Возможно, полагая, что никто не попадется на удочку сторонников выхода, многие избиратели, склонявшиеся к варианту «остаться», особенно молодые, решили никуда не ходить, и в результате победил противоположный вариант. И конечно, это касается не только Дональда Трампа или кампании за выход из ЕС. Тот же принцип будет задействован, если правые избиратели решат отвергнуть как центристского, так и крайне левого кандидата. Из-за отрицательного представительства изменение мнения избирателей в одну сторону фактически сдвигает исход выборов в другую.

* * *

Короче говоря, нестабильность приводит к тому, что мы как общество принимаем плохие коллективные решения, что, в свою очередь, плохо для демократии. Но из физики мы можем почерпнуть и идеи, позволяющие добиться большей стабильности.

Один из самых непосредственных способов повысить устойчивость системы — увеличить число людей, принимающих участие в жизни общества. Как мы видели на примере референдума о выходе из ЕС, не все, кто имеет право голоса, действительно голосуют. Это может быть связано с тем, что они слишком заняты своими делами. А может, это из-за безразличия, благодушия или обычного разочарования во всем политическом процессе. Многие убеждены, что их голос ничего не изменит, и зачем тогда куда-то идти?

Можно подумать, что при низкой явке итоги голосования будут просто пропорционально ниже. Однако такая ситуация усугубляет М-образную картину распределения мнений избирателей, о которой мы говорили выше. Из-за нее кандидаты вынуждены тратить меньше времени на колеблющихся избирателей в центре и гораздо больше — на укрепление поддержки со стороны своего основного электората.

Некоторым представляется заманчивой мысль, что не имеет значения, что многие не идут голосовать, потому что большинство людей очень плохо ориентируется в реальности. Мол, зачем тогда выносить их невежество на всеобщее обозрение: пусть голосуют те, кто понимает, что к чему. На самом деле, как показывают исследования, это неверно. Независимо от степени информированности избирателей, высокая явка будет способствовать стабильности, а низкая приведет к неустойчивости и отрицательному представительству.

Итак, запоминаем: даже если вам не нравятся все предложенные варианты, переступите через свою гордость —

можете даже зажать нос — и идите на участок. Чем больше людей участвуют в принятии решений, тем устойчивее система и тем выше вероятность того, что результат будет отражать общественное мнение. Расширение массива избирателей снижает поляризацию. Если представить себе наши мячи во впадине, это можно понять даже наглядно: чем шире дно впадины, чем она глубже и чем больше походит на миску, тем надежнее мячи собираются вместе. Чем дно меньше, тем легче им упасть с края. Голосуя, вы не только заявляете о себе, но и вносите свой вклад в долгосрочную стабильность нашей демократии.

Но физика не только свидетельствует, что голосовать должно как можно больше людей; она предлагает и более глубокий урок. Нынешние политические институты созданы для классического, ньютоновского мира. Они не приспособлены для работы в мире, который, как мы слышали от Саркисяна ранее в этой главе, становится все более квантовым. Возьмем, к примеру, политиков. Они склонны предлагать бинарный взгляд на ситуацию: да или нет, черное или белое. В конце концов, они либо занимают свой пост, либо нет, и голос не за них — это голос против них. Однако реальная политика имеет тенденцию быть более квантовой, требуя от каждого из нас одновременного принятия нескольких, иногда даже противоречащих одна другой точек зрения.

Возьмем избирателя, который всегда считал себя в целом центристом и в принципе поддерживает повышение налогов при условии, что эти средства пойдут на благо общества. Однако он также руководит бизнесом, который испытывает трудности и постепенно проседает под налоговым бременем. На выборах ему придется решить, какой партии отдать предпочтение: правой, которая выступает за низкие налоги, или левой, которая хочет их повысить. Нынешние модели голосования заставляют избирателя делать бинарный выбор, хотя в идеале он хотел бы, чтобы новое правительство принимало во внимание все соображения. Избиратель хочет знать, что оба эти фактора учитываются в равной степени и что решение будет принято из соображений максимальной пользы для общества, а не жесткой идеологии. Но для такого тонкого «квантового» мышления места в политике нет.

Возвращаясь к противоречивой теме выхода из ЕС, отметим, что, хотя среди избирателей и были те, кто либо безоговорочно поддерживал ЕС, либо от всей души его ненавидел, большинство из них были готовы признать, что у союза есть как сильные, так и слабые стороны. Однако бинарный характер голосования в духе «классической физики» не допускал такого мышления. Избиратели должны были выбрать что-то одно.

Из этого можно сделать вывод, что референдумы — очень плохой способ принимать решения в масштабе страны, особенно если порог установлен на уровне 50%: 51% избирателей получают именно то, что хотели, а 49% — ничего. Я всегда буду сожалеть об итоге того референдума. На мой взгляд, это был ненужный шок, который окончательно разрушил сложные отношения, так что обе стороны остались жить с обидой, болью и вечным ощущением того, что они оказались жертвой. Возможно, пока отношения еще не были разорваны, каждая из сторон недостаточно ценила другую и позволяла нарастать напряженности, не предпринимая никаких усилий для ее разрешения. Даже самые стабильные отношения динамичны и нуждаются в постоянной заботе и внимании. Выход Великобритании из ЕС выявил с обеих сторон столько проблем, что быстро помириться не получится. Если мы и восстановим наши отношения, это будет еще не скоро и потребует от всех больших усилий. Но, как и многие расставшиеся с иллюзиями влюбленные, мы можем извлечь уроки из прошлого и выстроить в будущем что-то действительно прочное.

Что касается меня, то после всех болезненных расставаний я, к счастью, смог обрести любовь и счастье в стабильных отношениях. На момент написания этой книги я женат уже 13 лет. Конечно, я не могу утверждать, что я самый лучший муж или что у меня идеальные отношения, но идеи из физики мне пригодились. В физике некоторые критические точки, например определенные температуры, обозначают пороги, при переходе через которые вещества претерпевают значительные изменения. Подобно фазовым переходам от твердого тела к жидкости или газу могут изменяться и отношения. Мы с женой пережили множество таких переходов: от свиданий к совместной жизни, потом к свадьбе, к переезду в свой дом, к рождению детей, к потере близких. Преодоление каждого из этих порогов в наших отношениях сделало их более устойчивыми. Стабильность не подразумевает неизменности; скорее она означает, что мы успешно преодолеваем эти переходы, выживаем и становимся сильнее. Изменения неизбежны. Но из того, как мы с ними справляемся, как раз и складывается подлинная устойчивость.

Глава 6

Физика белой вороны

Представьте, что я приглашаю вас к себе домой на «чай» (*tea*). Что вы ожидаете увидеть на столе, придя ко мне в гости? Заваренные кипятком сушеные листья (и, возможно, немного шоколадного печенья)? Или полноценную вечернюю трапезу? А если бы я пригласил вас на «обед» (*dinner*), вы бы пришли около полудня или ранним вечером? Если вы живете на Британских островах и «чай» для вас — это горячий напиток, а за «обед» вы садитесь вечером, то вы, как и я, вероятнее всего, появились на свет на юге страны. Если же вам ближе альтернативные варианты, то вы, как и моя жена, наверняка с севера.

Я родился и вырос в Лондоне (51,5° с. ш.), высшее образование получал самую чуточку севернее, в Оксфорде (51,7° с. ш.), а после окончания учебы сразу же вернулся в Лондон. Но это не помешало мне встретить и полюбить девушку из Йорка (а это более чем на два градуса севернее), а потом и жениться на ней. Она и все ее родственники говорят с таким же акцентом, как актер Шон Бин и певица Мелани Би из группы Spice Girls. Помню, как мой тесть, произнося тост на нашей свадьбе, обратил на это внимание, однако заверил меня, что в итоге я перестану среди них выделяться… просто на это уйдет около 50 лет — так обитатели Йоркшира обычно в шутку говорят приезжим.

Конечно, чтобы стать своим в каком-то месте, нужно там находиться. Только поженившись, мы жили в Лондоне, но процесс пошел, когда вскоре после свадьбы, еще до рождения детей, жена и теща убедили меня переехать в Йорк. Еженедельные поездки на работу в Лондон за 300 с лишним километров потребовали некоторого привыкания, но близость к семье и великолепные виды из окна того стоили.

Недавно мы отметили десятую годовщину нашей жизни на севере, но я все еще приспосабливаюсь к разнице в манере общаться. Мои собственные северные дети говорят с правильным йоркширским акцентом и дразнят меня за произношение. Например, мы по-разному тянем звук [*a*] в слове *grass* («трава»). Хорошо хоть само слово от этого не меняется и продолжает обозначать тот же самый предмет. Однако есть слова, общие для севера и юга, но имеющие тонкие различия в значении, например, слово *tea* («чай» или «ранний ужин»). А еще есть слова, характерные только для данной местности. На юге *kegs* — это бочонки для пива, а в Йоркшире этим словом называют еще и штаны.

Если объединить региональный акцент, местные особенности словоупотребления и уникальные слова, то получится диалект. Согласно оценкам, в мире говорят более чем на 7000 различных языков, а диалектов и говоров внутри них бесчисленное множество. В одной только Англии существует 30 разновидностей английского языка, и каждую неделю я, перемещаясь на поезде между Йорком и Лондоном, проезжаю через местности, где говорят на многих из них. Каждый из таких говоров и диалектов — это самостоятельный вариант языка со своей уникальной культурой и наследием.

* * *

Когда-то говоры и диалекты изучались исключительно лингвистами, но теперь их эволюцией, вариативностью и нестабильностью заинтересовался британский физик Джеймс Берридж с физико-математического факультета Портсмутского университета*. Он вообще бóльшую часть своей жизни применяет физику к тому, что, казалось бы, не имеет к ней отношения. Его интересы включают в себя геологические формации и динамику игрового процесса — он старается научиться прогнозировать то, что на первый взгляд прогнозированию не поддается. Но особый интерес у него вызывают языки и диалекты, а также их моделирование с помощью физики. В этом вопросе источником вдохновения для него послужили пузыри в пене для ванны.

Пузыри подчиняются законам гидродинамики — раздела физики, описывающего поведение жидкостей и газов. В XVIII в. швейцарский математик и физик Леонард Эйлер предположил, что для объяснения поведения жидкости можно разработать ряд законов, основанных на детерминистских законах движения Ньютона. Другими

* 'Spatial Evolution of Human Dialects', James Burridge, *Physical Review* X, 7, 17 July 2017. https://journals.aps.org/prx/abstract/10.1103/PhysRevX.7.031008

словами, зная начальное состояние системы жидкостей и законы, которым она подчиняется, мы сможем полностью предсказать ее поведение. Уравнения Эйлера, однако, не учитывали того факта, что в реальном мире жидкости обладают вязкостью и подвержены трению.

Разобраться с этим независимо друг от друга решили два человека. Первую попытку предпринял в 1822 г. французский инженер и физик Анри Навье. Наблюдая, как жидкости текут по трубам, он разработал ряд уравнений, учитывающих силу вязкого трения. Несколько лет спустя похожие уравнения опубликовал ирландский физик и математик Джордж Габриель Стокс. В отличие от Навье, он вывел свои результаты, рассматривая поведение жидкости на микроскопическом уровне, как взаимодействие между отдельными ее частицами. Работы Навье и Стокса оставались малоизвестными в течение долгих лет, но во второй половине XIX в. экспериментальные исследования в области механики жидкостей подтвердили их точность. В наше время уравнения Навье — Стокса выступают как набор сложных правил, описывающих динамическое поведение жидкостей.

Как и уже обсужденные нами законы движения и термодинамики, они основаны на сохранении массы, импульса и энергии. Сохранение массы означает, что масса жидкости не меняется с течением времени. Сохранение импульса, который определяется как произведение массы на скорость, означает, что в отсутствие действия внешних сил суммарный импульс жидкости должен оставаться постоянным. А сохранение энергии означает, что в отсутствие действия внешних сил суммарная энергия этой системы тоже является константой.

Законы гидродинамики можно использовать для описания самых разных явлений, включая течение воды в реках и трубах, полет самолета с обтеканием крыльев воздухом, движение воздушных масс в атмосфере… и поведение мыльной пены в ванне.

Любые пузыри образуются под действием поверхностного натяжения. Одно из следствий упомянутых выше законов сохранения состоит в том, что жидкости стремятся минимизировать площадь своей поверхности. Трехмерная фигура с наименьшей площадью поверхности — это сфера, поэтому одинокий пузырь сам по себе имеет форму шарика.

Казалось бы, между пузырями и диалектами нет ничего общего, но Берридж нашел связь. Он утверждает, что те же физические законы, которые описывают поведение пузырей, могут пролить свет на закономерности формирования новых языков. По мнению ученого, границы пузырей подобны изоглоссам — линиям на карте, обозначающим пределы распространения какого-либо языкового явления. Подобно тому, как пузыри стремятся минимизировать площадь своей поверхности, форма и размер этих лингвистических областей изменяются в зависимости от динамики социальных взаимодействий, движения населения и географических особенностей.

Чтобы осознать это, можно нарисовать в воображении карту страны, но с пеной вместо городов и рек. Каждый пузырь представляет собой регион распространения отдельного диалекта. Эти пузыри не идеально круглые; они сжимаются и растягиваются под влиянием соседних, образуя при этом неправильные формы и замысловатые узоры. Страна — это контейнер, и диалектные пузыри борются между собой за пространство, постоянно толкаясь и изменяя свои границы. Некоторые из них большие и мощные, другие — маленькие и придавленные со всех сторон. Границы страны выступают как стенки сосуда (пусть и весьма неправильной формы), удерживая пузыри внутри себя и заставляя их образовывать наиболее эффективную общую конфигурацию.

Идея Берриджа состояла в том, чтобы проверить, не может ли поверхностное натяжение в сочетании с другими факторами, вроде перепадов в плотности населения и очертаний страны, приводить к тем лингвистическим закономерностям, которые мы наблюдаем. Выяснилось, что те же физические принципы, которым подчиняется поведение пузырей, позволяют предсказать, какие диалекты где и когда мы услышим.

Также с их помощью можно спрогнозировать, каким образом будут меняться языки. Например, внутренняя и внешняя миграции могут приводить к слиянию маленьких языковых пузырей в большие, и Берридж уверен, что благодаря этой модели мы сможем описывать диалекты будущего или, во многих случаях, их исчезновение. Работы ученого рисуют мрачную картину. Согласно прогнозам, в ближайшие 50 лет многие региональные диалекты будут все более походить на соседние, а то и вовсе выйдут из употребления.

Отчасти это неудивительно и не вызывает особой тревоги. Все мы знаем, что язык меняется. Английский, на котором написана эта книга, сильно отличается от того, на котором 800 лет назад писал Джеффри Чосер, или даже от языка Шекспира, творившего где-то на полпути между нами и Чосером. Исчезновение языков не выглядит экзистенциальной угрозой наподобие изменения климата или экономического неравенства. Его не обсуждают в Давосе. Но оно может означать потерю чего-то важного.

Существует множество связанных с культурой и самобытностью причин, по которым люди хотели бы сохранить свои диалекты. Как это ни странно, согласно научным исследованиям есть все основания полагать, что разнообразие диалектов тесно связано с биоразнообразием, то есть с числом видов и численностью зверей, растений, насекомых, грибов и других живых организмов, сосуществующих на одной территории. Районы с бо́льшим количеством разных диалектов также характеризуются и высоким биоразнообразием, а там, где диалектов становится меньше, сокращается и число видов.

По оценкам биологов, число ежегодно исчезающих видов минимум в 1000 раз превышает типичные показатели, наблюдавшиеся на протяжении всей истории Земли. А лингвисты ожидают, что к концу этого века исчезнет от 50 до 90% всех языков мира. Другими словами, языки и виды вымирают вместе. Что характерно, эти потери происходят в одних и тех же регионах.

В мире насчитывается 35 «очагов биоразнообразия» — областей с исключительной концентрацией эндемичных видов, то есть видов, обитающих только на ограниченной территории, например на этом горном хребте или в том конкретном озере. Эти же 35 очагов служат домом для 3202 из более чем 6900 языков, на которых говорят во всем мире, то есть почти для половины. Кроме того, существуют пять определенных Международным союзом охраны природы «зон дикой природы с высоким биоразнообразием» (регионов площадью не менее 10 000 км^2 с относительно небольшим антропогенным воздействием и потерявших не более 30% обитавших там видов), и только в них зафиксировано 1622 различных языка.

К исчезающим языкам принято относить те, на которых говорят менее 10 000 человек, и это верно для 1553 языков в очагах биоразнообразия. Из них у 544 языков менее

1000 носителей. И именно в тех очагах и зонах дикой природы, где таких языков больше всего, наблюдается самая быстрая потеря биоразнообразия.

Возможно, это неизбежно. Как правило, чем больше население региона, тем меньше там биоразнообразие. Сравните дикую местность, которой было восточное побережье Северной Америки в XVI в., до прибытия основной массы европейских поселенцев, с тем, что этот регион представляет собой сейчас. Многочисленное население стремится к гомогенизации окружающей среды, чтобы облегчить себе жизнь. Это означает уничтожение — преднамеренное или нет — видов животных и растений, которые не нужны человеку для выживания или мешают ему. Таким образом, регионы с высоким биоразнообразием почти по определению будут иметь меньшую плотность населения, а раз людей там меньше, значит, у любого языка, на котором там говорят, носителей будет немного.

С другой стороны, не очевидно, почему регион с низкой плотностью населения должен обязательно содержать большое число языков, хотя во многих случаях это действительно так. В модели Берриджа высокое языковое разнообразие порождается сочетанием того, что люди никуда не выбираются из родных мест, то есть в основном взаимодействуют с теми, кто живет поблизости, и крайне неоднородным распределением населения, когда каждое сообщество существует в изоляции от других. Наличие более богатых и разнообразных природных ресурсов снижает для местного населения потребность в общении и сотрудничестве друг с другом; следовательно, нет необходимости и в стандартизации их языков.

Профессор Ларри Горенфло из Университета штата Пенсильвания утверждает, что местные языки тесно связаны с местной культурой, а культура позволяет сохранять биоразнообразие. Люди, живущие в очагах биоразнообразия и зонах дикой природы, обычно хорошо знакомы с окружающим их растительным и животным миром. Они, как правило, умеют поддерживать природную среду — неважно, сознательно ли или как побочное следствие других своих занятий. Охрана окружающей среды на таких территориях часто опирается на традиционную деятельность их населения, включая ресурсосберегающее сельское хозяйство, контролируемые выжигания для оздоровления лесов и существование священных рощ, где дикая природа неприкосновенна. Все это может оберегать биоразнообразие лучше, чем если бы эти территории были необитаемы. Выживание жителей неразрывно связано с сохранением их среды обитания. Утрата языкового разнообразия происходит, когда исчезают небольшие группы, владеющие традиционными знаниями о редких и хрупких экологических системах. На смену им приходит современная индустриальная экономика, требующая более упрощенной природной среды. Таким образом, сохраняя население, мы сохраняем экологические системы, а сохраняя экологические системы — сохраняем население.

Одним словом, факторы, связывающие языковое разнообразие и биоразнообразие, в принципе очень сложны, но наличие этой связи вполне очевидно. Чтобы понять, как нам в этом может помочь разобраться физика, давайте детальнее рассмотрим, как на самом деле функционирует человеческий язык.

* * *

Язык состоит из множества различных компонентов. Это не только слова (лексикон), но и отдельные звуковые единицы (фонемы), из которых они составлены; правила сочетания этих звуков (фонология); правила образования слов (морфология); правила построения предложений (синтаксис). Языки меняются по мере того, как трансформируются их компоненты. Либо медленно происходят мутирование и эволюция, когда слова постепенно меняют свое значение с течением времени, либо новые слова врываются в язык и резко занимают место старых.

В любой момент в языке могут существовать варианты, которые все еще распознаются как один и тот же язык, и здесь мы попадаем в область науки о диалектах. Иногда дело только в произношении, как с вышеупомянутым словом *grass*. Иногда для обозначения одного и того же понятия имеются разные слова (в Великобритании в основном используют женское притяжательное местоимение *her*, «ее», но в Йоркшире до сих пор можно услышать его региональный вариант *hern*), или одним и тем же словом передают разные смыслы (например, *tea* или *dinner*). Иногда встречаются отличия в построении фраз: в разных уголках Великобритании время 8:45 могут называть с использованием разных конструкций: *quarter to nine*, *quarter before nine* или *quarter until nine*. Встречаются и региональные странности: например, в Ирландии часто добавляют в конец предложения *so it is* («так и есть»), чтобы подчеркнуть его истинность, а в центральных графствах Англии есть манера обращаться к собеседнику *duck* («уточка») независимо от его пола (или даже биологического вида).

Помимо этого, у языка должны быть носители. Именно носители определяют, как меняется язык. Проследить или предсказать действия отдельных носителей языка очень трудно, но, изучая их как общность, исследователи получают возможность отслеживать долгосрочные, крупномасштабные закономерности использования данного языка и проверять соблюдение в нем универсальных лингвистических правил.

По словам Джеймса Берриджа, язык хорошо поддается описанию с помощью физических подходов, потому что он удовлетворяет некоторым условиям, без которых невозможно применение статистической физики. Для начала, язык создается множеством взаимодействующих единиц, то есть людей. Однако люди создают и много всего другого: политические системы и всевозможные исторические перипетии. Применение физических законов требует умения составлять макроскопические уравнения на основе микроскопических предположений о поведении отдельных объектов. Макроскопическое поведение должно быть результатом только этих мелких взаимодействий, а не разовым воздействием какого-то человека или внешней силы вроде технологических изменений или смертоносной эпидемии. Язык хорошо подходит для физического моделирования, потому что прекрасно соответствует этому описанию, будучи порождением великого множества микроскопических взаимодействий и лишь немногих более макроскопических факторов, таких как засилье американского кино, распространяющего свою лексику по всему миру, влияние колониализма на местные языки или закрепление нормативного произношения в качестве стандарта через СМИ и систему образования. Каждый из этих факторов оказал глубокое влияние на то, как во всем мире говорят на английском и как его понимают.

В итоге физикам удалось создать новую междисциплинарную область — лингводинамику. Одно из самых интересных исследований, демонстрирующих физические свойства языка, было проведено в Японии в 2011 г. В нем анализировалось распространение по стране 21 нецензурного слова. Ненормативная лексика хорошо подходит для изучения, поскольку, хотя и подчиняется тем же правилам, что остальные слова языка, она при этом имеет тенденцию стоять особняком — особенно в культурах вроде японской, где высоко ценится вежливость.

Крупные острова вытянутого с юго-запада на северо-восток Японского архипелага придают стране длинную и узкую форму, поэтому с точки зрения физики она почти одномерна. Представьте себе дождевую воду, стекающую по асфальту. Оказываясь на ровных участках (двумерных плоскостях), она начинает скапливаться в лужи, завихряться и замедляться. Попадая же в узкую одномерную канаву, она устремляется вперед. При движении в одном измерении распространение происходит быстрее, оставляя меньше времени на постепенное мутирование. В общем, благодаря длинной и узкой форме Японии, новые слова распространяются по стране очень быстро.

Авторы исследования изучили лингвистические карты, на которых показано использование нецензурной лексики. Большинство из таких слов зародились в Киото, древней столице Японии, которая часто рассматривается как культурный центр страны. Киото занимает примерно срединное положение в географии Японии: город находится где-то на полпути между двумя побережьями страны, почти в самой узкой ее точке. Кроме того, он приблизительно равноудален от юго-западной и северо-восточной оконечностей архипелага.

Чтобы понять, каким образом бранные слова распространяются по стране, представьте себе концентрические круги, расходящиеся из Киото и образующие волновые фронты, которые движутся по суше на северо-восток и юго-запад. Исследователи показали, что большинство бранных слов распространяются такими фронтами, встречаясь на одинаковом расстоянии по обе стороны от Киото. Так, если слово ушло на 100 км на юго-запад, то оно также ушло и на 100 км на северо-восток. Авторы исходили из предположения, что лингвистические инновации с некой регулярностью появляются в Киото и распространяются по всей стране, встречаясь с более старыми терминами и, возможно, заменяя их. Например, глупого человека в Киото, вероятно, назвали бы «ахо», а в Токио — «бака». В Киото раньше также преобладало «бака», но затем оно было вытеснено словом «ахо». На момент проведения исследования «ахо» еще не добралось до Токио. Чем новее слово, тем меньшее расстояние оно преодолело от Киото.

Начав с нескольких примеров и основываясь на сделанных на их основе предположениях, исследователи смогли точно смоделировать фактический ареал использования 21 бранного слова и предсказать расстояния между волновыми фронтами. Таким образом, они показали, что язык подчиняется физическим закономерностям.

Джеймс Берридж начал свою работу не с ненормативной лексики и даже не с людей, а с птиц, в частности с белоголовых зонотрихий, обитающих в районе залива Пьюджет в американском штате Вашингтон. У многих зверей и птиц есть некое подобие диалектов в виде вариантов определенного звука, сигнала или песни, которые можно встретить в разных районах. Преимущество птичьего пения заключается в том, что в нем используются те же принципы, что и в человеческой речи, но в гораздо более примитивной форме. Человеческая речь имеет множество элементов — произношение, фонология, синтаксис, — и все они варьируются. Хотя вполне возможно, что птичье пение тоже содержит разные составные части, которые мы пока не улавливаем, у него есть один доминирующий элемент, который мы воспринимаем как собственно песню. Относительная простота птичьего пения по сравнению с человеческим языком делает его идеальным объектом для изучения принципов формирования и эволюции диалектов. Например, в трелях самцов воробьиных птиц на разных территориях можно обнаружить особенности, которые изменяются по мере слияния различных популяций в процессе миграции.

Достоинство белоголовых зонотрихий залива Пьюджет заключается еще и в том, что район их гнездования квазиодномерен, примерно как Японские острова: он длинный и узкий, почти не раздающийся в перпендикулярном направлении. Общий ареал этого вида — все тихоокеанское побережье северо-западной части США, но он разбит на несколько отдельных частей. Все самцы в каждом районе используют примерно одну и ту же песню, но при пересечении границы районов доминирующая песня самцов полностью меняется.

Опираясь на географические карты птичьего пения, созданные экологами, Берридж смог проследить, что происходит на протяжении жизненного цикла птиц. С момента вылупления молодые самцы с энтузиазмом странствуют по разным районам, разучивая репертуар из множества разных песен. Более старые особи, напротив, путешествуют не так далеко, и в результате они, как правило, поют только одну песню — ту, которая доминирует в их регионе.

С наступлением зимы ситуация становится интереснее. Все самцы, как и положено, улетают зимовать в более теплые края. Некоторые из них зиму переживают, а некоторые погибают. Старшие самцы возвращаются домой раньше молодых. Они обживаются, и их песня снова становится доминирующей. Затем возвращаются молодые, но им приходится занимать места, освободившиеся после гибели более старых птиц. Несмотря на то что их песни более разнообразны, чем у ветеранов, они должны учиться копировать песни этих последних, чтобы показать самкам свою репродуктивную привлекательность. Выходит, что в их интересах подражать своим соседям. Они потихоньку забывают разнообразный репертуар своей юности и учатся петь только одну песню. Ее же они сохраняют и в последующие годы. Затем стареют и они. На свет появляется новое поколение молодых птиц, и все повторяется.

Замените слово «песня» на «диалект», и вы начнете понимать теорию языка, разработанную Берриджем. Носители в основном общаются с людьми, живущими рядом с ними, и, следовательно, их речевые модели соответствуют речевым моделям большинства в этой местности. «Местность» — понятие относительное, но обычно она имеет размеры от нескольких километров до нескольких десятков километров и расположена вокруг родного дома носителя. Мы накапливаем воспоминания о встречающихся нам речевых моделях, а эти воспоминания затем влияют на наше собственное речевое поведение. Однако память недолговечна, поэтому в нашем поведении всегда преобладают самые недавние воспоминания. В результате, когда носитель оказывается в меньшинстве, он сознательно или бессознательно корректирует свою речь, чтобы не выделяться на фоне текущего большинства.

Это интуитивно понятно: вероятность того, что одинокий переселенец в какую-либо местность приспособится говорить так, как обитающее там большинство, куда выше, чем вероятность обратного. Если вы просто проезжаете мимо, не задерживаясь надолго, то, скорее всего, не повлияете на речь других людей, а они, вероятно, не повлияют на вашу. Но если вы останетесь в этой местности на достаточно долгое время и обзаведетесь соседями, то ваша речь начнет соответствовать тому, как говорят вокруг вас.

Однако в своем исследовании поведения птиц Берридж не просто изложил принцип появления и исчезновения диалектов. Он разглядел тут физическую аналогию. Изучая карты распространенности различных песен, ученый обнаружил, что диалекты исчезают, если уровень смертности птиц поднимается выше определенного порога. Если же смертность снижается и конкуренция сохраняется, диалекты начинают появляться вновь.

Берридж понял, что эти переходы напоминают другое физическое явление. В предыдущей главе мы узнали, что в ферромагнитных материалах каждый атом работает как миниатюрный магнит, который хочет равняться на своих соседей, указывая либо вверх, либо вниз. Когда все атомы направлены в одну сторону, в материале происходит фазовый переход и он становится магнитным — причем это происходит внезапно. Вот только что магнетизма не было, а теперь он уже есть.

Для ферромагнитных материалов внешним фактором является температура. Чем горячее материал, тем более несогласованными будут его атомы. Охладите материал, и он резко станет магнитным; нагрейте его снова — и магнетизм так же резко исчезнет. В случае с птицами, которых изучал Берридж, аналогом этого изменения температуры выступает смерть одного самца. Наступает момент, когда в определенном ареале происходит фазовый переход: все вдруг внезапно поют одну и ту же песню.

Заметив эти закономерности, Берридж начал понимать, как применить физику для описания поведения языка.

Если вы поездили по Англии, то могли заметить, что заросли терна в разных местах называют по-разному: *gorse, furze, whim* или *broom*. Это четыре слова на самом деле описывают одно и то же — колючий кустарник, который предпочитает расти на сухих песчаных почвах. Представьте, что на карте их употребление обозначено стрелками. Те, кто говорит *gorse*, отмечены стрелкой вверх, те, кто говорит *furze* — стрелкой вниз, *whim* — стрелкой влево, а *broom* — стрелкой вправо. Какую картину тут можно ожидать? Вместо хаоса стрелок, направленных в разные стороны, карта покажет четыре региона, где все стрелки в целом направлены в одну сторону. Как атомы в магните, каждый носитель языка будет равняться на своих соседей. Носитель из одного региона, переехавший в другой, в конце концов обнаружит, что говорит как его жители. Он переориентируется.

И так мы вновь возвращаемся к пузырям. Если провести линию вокруг области, где все стрелки направлены в одну сторону, получится изоглосса. Эти изоглоссы аналогичны пузырям в контейнере. Каждый диалект заключен внутри своего пузыря. Возможно, предположил Берридж, изоглоссы не только выглядят как пузыри, но и ведут себя так же.

Представьте себе много пузырей в ванне. Из-за поверхностного натяжения они со временем либо совсем схлопываются, либо сливаются с другими, образуя более крупные. Если их долго не трогать, в конце концов в ванне останется всего несколько пузырей, а их общие границы будут уже не изогнутыми, а прямыми. Пузыри приходят в равновесие. Силы по обе стороны границ между ними, изнутри и снаружи, оказываются равны.

В физике это называется укрупнением. Поверхностное натяжение приводит к постепенному исчезновению тонких различий, тогда как общая структура пены укрупняется. Границы пузырей стремятся к минимизации своей протяженности, выпрямляясь при прижимании к соседнему и изгибаясь в отсутствие такового.

Изоглоссы выглядят похоже. Как правило, мы видим крупные области, где общеупотребительным является один языковой вариант. Между ними находятся сравнительно узкие переходные зоны, где в более или менее равной степени может использоваться другой вариант. Выйдя из такой переходной зоны, мы попадаем в другую, более крупную область, где доминирует второй вариант. Всякий раз, приближаясь к изоглоссе, вы обнаруживаете, что люди начинают варьировать, скажем, произношение или лексику. Дети, растущие на изоглоссе, привыкают к языку с обеих сторон от нее, и поэтому с равной вероятностью могут использовать оба термина, значения или типа произношения, поскольку никаких особых указаний на то, что «правильно», у них нет.

На самом деле часто именно дети становятся причиной смещения изоглосс. Диалектологи, проводившие опросы в начале XX в., обнаружили, что почти все население отчетливо произносило слово *thawing* («таяние») как два слога: *thaw-wing*. (Позже мы увидим, откуда взялись эти данные.) Альтернативный вариант *thawring* появился по той простой причине, что его проще произнести вслух, и поэтому он легче усваивается детьми, которые учатся говорить. Примерно за 25 лет этот новый вариант стал нормой… почти везде. Однако в крупных центрах вроде Лидса и Манчестера он не смог закрепиться, хотя до этого приживался повсеместно. Эти города имели достаточно высокую плотность населения, чтобы новое произношение было отторгнуто. Вариант *thawring* забуксовал на их границах, создав новую изоглоссу.

Однако изоглоссы отличаются от пузырей, например, тем, как они расширяются сами по себе. В пене для ванны укрупнение происходит, когда стенки между пузырями разрушаются под действием сил поверхностного натяжения и их содержимое сливается, так что множество мелких пузырей превращается в меньшее количество более крупных. Пузырь будет расширяться таким образом до тех пор, пока не достигнет препятствия, которое его блокирует. Это может быть другой пузырь, растущий в обратную сторону, или стенка контейнера, в котором он находится. После этого граница будет двигаться под прямым углом к препятствию и остановится в точке равновесия, перпендикулярно ему.

Таким образом, пузырь в ванне будет увеличиваться, но только в окружении других пузырей. Предоставленный сам себе, находящийся в изоляции пузырь стремится лишь к сокращению.

Исходя из нашей аналогии, и изоглосса сама по себе тоже должна сжиматься, двигаясь к центру расселения.

Однако изоглоссы активно стремятся к расширению, даже когда они не соседствуют ни с чем. Это происходит по той простой причине, что пузырь изоглоссы состоит из людей, а у людей есть свобода воли. Они желают двигаться. Они вырастают и покидают родной дом. Они переезжают в новые края и встречают других людей. И тут мы возвращаемся в сферу микроскопических взаимодействий, о которых Берридж упоминал ранее.

Когда носители встречаются с носителями из других областей, в язык начинает проникать разнообразие, но достаточно часто это происходит только на границах. Чем больше плотность населения, тем выше вероятность того, что люди будут говорить одинаково. Там, где с разных сторон от изоглоссы (для удобства назовем их городской и сельской) имеется разная плотность населения, вы будете чаще общаться с городскими жителями, чем с сельскими. Таким образом, вы будете склонны использовать те языковые варианты, которые встречаются в городе. Чем больше людей так поступают, тем дальше изоглосса уходит за пределы города в сельскую местность.

В результате крупные города обычно находятся в центре пузырей изоглосс, и в них возникают свои собственные диалекты. Вспомните кокни или более недавний мультикультурный лондонский английский — узнаваемый диалект, сложившийся не только в Лондоне, но и в других городах в конце XX в., когда молодые представители рабочего класса из разных этнических и культурных групп начали контактировать друг с другом дома и на работе.

Один за одним эти расширяющиеся пузыри изоглосс сталкиваются друг с другом и сливаются. Пузыри растут, а оставшиеся изоглоссы становятся менее изогнутыми. В конце концов между двумя господствующими более или менее в равной степени диалектами возникает одна мощная изоглосса. Ни та ни другая сторона не способна перевесить. Общая тенденция такова, что огромное число разновидностей языка сводится всего к нескольким.

По той же причине, что изоглоссы расширяются по направлению от густонаселенных центров, на них влияют и географические особенности, такие как изгибы береговой линии, заливы или устья рек. Там, где в береговой линии есть выемка, изоглосса будет двигаться к ней. Это происходит по той очень веской причине, что на сухопутной стороне изоглоссы есть люди, а на водной — нет. Плотность даже редкого населения больше чем ноль. Встретив естественное препятствие, при прочих равных условиях изоглоссы будут стремиться расположиться под прямым углом к этой преграде. И тут они снова демонстрируют то же поведение, что и пузыри, наткнувшиеся на стенку контейнера.

Возвращаясь к примеру Японии, вспомним, что волны языковых изменений распространялись от Киото во всех направлениях. Но во всех, кроме двух — северо-восточного и юго-западного, — они очень быстро наталкивались на берег моря. Имеет значение только тот волновой фронт, который распространяется по суше. Нарисуйте это на карте, и вы снова получите почти прямые линии, движущиеся на северо-восток и юго-запад под прямым углом к географическому препятствию — морю. Тот же эффект наблюдается и в животном мире. Попугай под названием желтолобый амазон живет в Коста-Рике, которая является частью узкого перешейка, соединяющего Северную и Южную Америку. У этих птиц есть два разных диалекта, определяемых по способу построения песни, а их граница проходит между северо-восточным побережьем

Карибского моря и юго-западным побережьем Тихого океана перпендикулярно обоим.

В Великобритании основной изоглоссой между северными и южными диалектами английского языка служит прямая линия, связывающая две большие выемки в береговой линии — устье реки Северн на западе и залив Уош на востоке. С течением веков изоглоссы по всей стране расширялись и сливались в более крупные пузыри. Те из них, которые достигали одной из выемок, двигались вдоль берега, пока не останавливались в районе ее вершины. В итоге постепенно образовались два больших пузыря — один на севере, другой на юге, — которые соприкасаются друг с другом вдоль прямой линии, связывающей эти выемки.

Другим следствием этого является то, что в длинных и узких регионах диалекты имеют тенденцию следовать схеме, которую лингвисты называют «рейнским веером». Изоглоссы в таком случае расходятся веером от крупного скопления населения; впервые такая картина была замечена в городах вдоль реки Рейн в Германии. В этой стране есть одна основная изоглосса, проходящая через всю ее территорию, что еще раз подтверждает правило, согласно которому изоглоссы обычно располагаются перпендикулярно естественным препятствиям, в данном случае Рейну. Север страны говорит на нижненемецких диалектах, а юг — на верхненемецких. Однако по мере приближения к западной границе Германии эта единственная основная изоглосса расщепляется на по меньшей мере восемь линий, каждая из которых проходит через один из городов долины Рейна.

Аналогичный эффект был обнаружен исследователями, изучавшими распространение и эволюцию нумийских языков, на которых говорили коренные обитатели западной части США. Единый протонумийский язык разделился на множество разных по мере продвижения его носителей вглубь континента. В 2006 г. исследователи из Федерального университета Пернамбуку в Бразилии смогли смоделировать этот процесс с помощью компьютера. Языковые карты Бельгии и Каталонии — многоязычных территорий с четкими кластерами одноязычного населения — иллюстрируют те же закономерности.

* * *

Теории Берриджа и предположения, на которых они основывались, неизменно доказывают свою правильность. Ученый явно смог построить тут физическую модель, в которой уравнения описывают распространение лингвистических особенностей по территории, показывая не только то, где они находятся сейчас, но и то, где они были раньше и где окажутся в будущем. Возьмите любую страну, опишите в целом ее форму, учтите перепады в плотности населения, а также естественные выемки и препятствия вдоль ее границ, и вы сможете увидеть, как внутри нее складываются диалекты.

Поскольку модель Берриджа основана на предположении, что люди перенимают свои речевые привычки у окружающих, она должна учитывать и особенности человеческого поведения как такового. Люди перемещаются по своей местности. Они могут уехать по работе куда-то подальше, но потом опять возвращаются домой; создав семью, они также могут перебраться на новое место. Берридж изучал статистику, показывающую перераспределение населения и характер миграции с начала XX в. Подобные демографические данные уже были доступны благодаря другим исследователям, но Берридж присовокупил к ним свои собственные догадки о том, как носители обретают язык.

Чтобы проверить работу любой модели, нужны данные. Берридж использовал два ключевых языковых исследования. Первое — анализ диалектов английского языка Survey of English Dialects (SED) — было проведено в 1950-х гг. В рамках второго в начале 2010-х гг. респондентов опрашивали через приложение для смартфона English Dialects App (EDA). Вопросы задавались похожие, например: «Как вы произносите слово *last* ("последний")?», «Если что-то принадлежит женщине, то вы скажете *hern* или *hers*?», «Животное с домиком на спине [то есть улитка] это *dodman, hodmedod, hoddy-dod, hoddy-doddy* или *snail*?» Результаты не только описали множество изоглосс, но и, поскольку исследования проводились с разницей в 50 лет, позволили отследить их движение во времени.

Доведя моделирование до наших дней, Берридж сравнил полученную картину с современными диалектными картами и обнаружил неплохое совпадение. Его теория отлично описывала, как развивался английский язык в XX в. Основываясь на этом, он смог продолжить моделирование, чтобы предсказать, как язык будет меняться в будущем.

Как утверждает Берридж, согласно простым законам физики число диалектов в любой стране со временем всегда уменьшается — подобно куску металла, который весь начинает проявлять магнитные свойства, потому что все его атомы равняются на соседей, или пузырям в пене для ванны, которые сливаются один с другим. Великобритания тут не исключение. Изоглоссы со временем исчезнут, а пузыри сольются. При нынешнем уровне внутренней и международной миграции, как только какой-либо вариант входит в употребление у большинства населения, в отсутствие какой бы то ни было мощной географической или культурной особенности, способной его остановить, он будет распространяться все шире. Поскольку Великобритания более густонаселена на юге, говорит Берридж, по этому механизму будут добиваться успеха именно южные варианты. Нормы произношения, характерные для севера Англии, будут вытесняться южными. Но исчезнут не только они. Исчезнут и целые слова. Упомянутое ранее притяжательное местоимение *hern* уже в исследовании SED использовалось явным меньшинством. Изоглосса *hern* продолжает схлопываться, и, несмотря на арьергардное сопротивление в Йоркшире, она, вероятно, полностью исчезнет в ближайшие 100 лет.

Однако пропадут не все варианты: моих детей порадует то, что согласно модели Берриджа в Великобритании так и не появится единого, привычного для всех произношения слова *grass*.

Это явление характерно не только для Великобритании, равно как и физические законы действуют не только в одной стране. Модель Берриджа применима везде, где есть диалекты, разделенные изоглоссами, а это относится к заметной доле земной поверхности. Языки стандартизируются куда ни глянь.

Это не означает, что в один прекрасный день появится универсальный язык, в котором не будет диалектов — да Берридж бы этого и не хотел. С одной стороны, говорит он, определенная степень единообразия в поведении полезна для общества. Это ведет к сплоченности и стабильности. Но стабильность и разнообразие вполне могут и сосуществовать. Есть разные способы, позволяющие нам чувствовать себя ближе друг к другу и эффективнее сотрудничать, и общение на одном языке с нашими соседями — лишь один из них:

> Говорить, как другие люди, и понимать, что твоя речь показывает, откуда ты родом, — это хорошо. Это позволяет прочувствовать свою местность. То же самое и с работой. Люди хотят работать в компании, где их будут воспринимать не просто как элемент штатного расписания, а как личность. Так что да, язык — важная часть нашей идентичности. А я думаю, что обладание четко выраженной идентичностью — ключевой аспект человеческого бытия.

* * *

Как же это все помогает нам решить задачу, с которой мы начали: найти связь между снижением языкового разнообразия и разнообразия видов? Мы знаем, что потеря лингвистического разнообразия, как правило, указывает на потерю биоразнообразия. Но не странно ли думать, что экология йоркширских долин пострадает оттого, что местные жители станут говорить *hers* вместо *hern*?

С одной стороны, как отмечает Джеймс Берридж, определенное единообразие в обществе — это хорошо. С другой, характерные местные черты, обычаи и модели поведения могут сосуществовать в рамках общей культуры, которая и обеспечивает сплоченность. Монокультурные системы, как правило, хуже противостоят переменам и стрессам или адаптируются к ним, чем системы, отличающиеся культурным многообразием, независимо от того, относится ли слово «культура» тут к языку, местным обычаям или биологическому разнообразию. Это как иметь ящик с инструментами, в котором собраны всевозможные приспособления, — шанс выбрать нужный, когда есть из чего выбирать, возрастает. Если у вас есть только гаечный ключ, вы вряд ли сможете закрутить шуруп.

Тот факт, что языковое разнообразие и биоразнообразие взаимосвязаны, также позволяет легко определять, когда одно из них оказывается под угрозой. Биоразнообразие отражает сложную взаимосвязь множества видов: животных и насекомых, растений и лишайников, рыб, птиц и грибов. Отследить численность отдельных видов может быть проще или сложнее, но в любом случае это требует много времени и средств. Единственный доступный для исследователя способ оценить распространенность какой-то таксономической группы на какой-то конкретной территории — отправиться туда. Теперь же экологи могут решать, на каких регионах сосредоточить свое внимание, изучая лингвистические маркеры.

Бóльшую часть своих данных Берридж получил из исследования EDA, проведенного с помощью приложения для смартфонов. Редкие виды, в отличие от людей, приложениями не пользуются. Модель Берриджа можно применить к любому языку где угодно, причем даже удаленно, с другого конца света, не вставая из-за письменного стола. Смартфоны и социальные сети — это неисчерпаемые месторождения языковых данных, которые потенциально могут помочь нам понять, какие районы больше всего нуждаются в защите окружающей среды. Связь между биоразнообразием и языковым разнообразием также означает, что устранение угрозы для одного из них может привести к устранению угрозы для другого. Согласованные, комплексные усилия по сохранению и того и другого позволят заодно лучше разобраться в том, как человек взаимодействует с экосистемами.

Работа Берриджа вселяет реальную надежду на то, что мы сможем заботиться о нашей среде обитания, а также дает возможность понять, на что важно обращать внимание, хотя и предполагает, что некоторые мелкие потери неизбежны: пузыри изоглосс всегда будут склонны к слиянию.

Итак, мы возвращаемся к проблеме, с которой я начал эту главу, — не такой значимой для мировой биосферы, но очень важной для меня. Возможно, однажды йоркширцы перестанут считать меня белой вороной, но это произойдет не потому, что истекли те самые волшебные 50 лет, а по той простой причине, что не будет никакой разницы между тем, как говорят в Йоркшире и в Лондоне. Но я надеюсь, что этого не случится. Я бы ни на что не променял неповторимое йоркширское наследие своей семьи, даже если я по-прежнему произношу слово *grass* так, как привык с детства.

Глава 7

Физика кризиса среднего возраста

Несмотря на то что бóльшую часть времени я просидел в гостиничных холлах, в Давосе мне действительно нравилось. Атмосфера была головокружительной и бодрящей: как в смысле чистого, свежайшего воздуха снаружи роскошных отелей, так и в смысле того, что происходило внутри. Гости и делегаты выглядели сплотившимися перед лицом общих задач, и я уезжал из Швейцарии с оптимистическим настроем. Однако в глубине души я переживал неожиданный кризис чисто личного характера.

В то время мне было чуть больше сорока. Я был женат почти десять лет, у меня было двое маленьких сыновей, хорошая работа, приятные коллеги, заботливые друзья и любящие родственники. С объективной точки зрения у меня в жизни имелось много хорошего. И все же что-то не давало мне покоя. Вокруг было столько состоявшихся личностей, столько людей, которые, казалось, достигли большего, были более влиятельными и более уверенными в себе, что я испытывал соответствующее чувство неполноценности. Это был прискорбный пример действия ньютоновских принципов: действие вызвало противодействие. Несмотря на годы упорного труда, я не мог не сравнивать себя с окружавшими меня людьми. На фоне их достижений мои предполагаемые недоработки сразу бросались в глаза.

В то время я не знал, как описать происходящее со мной словами, но сейчас понимаю, что тогда испытывал. Это был кризис среднего возраста. Как бы банально это ни звучало, но внезапно многие вещи, которые я когда-то считал важными — карьерный рост, финансовый успех, социальный статус, — стали казаться пустыми. Я сомневался в правильности сделанного мною выбора, задавался вопросом, не сбился ли я с пути, и подавлял в себе тревожное подозрение, что мой истинный потенциал не раскрыт до конца.

Пока я, вернувшись с Давосского форума, в течение некоторого времени пытался преодолеть этот небольшой личный кризис, мир столкнулся со своим собственным. Разразилась пандемия COVID-19, принесшая с собой повсеместную политическую неопределенность и социальную нестабильность. К маю 2023 г., когда было объявлено, что пандемия COVID-19 больше не является чрезвычайной ситуацией в области здравоохранения, во всем мире переболело более 760 млн человек, почти 7 млн умерли, а напряженность в экономиках разных стран достигла предела.

Пандемия COVID-19 представляла собой один из крупнейших глобальных рисков за всю историю человечества. Но даже в самый ее разгар оставались основания для надежды. В декабре 2020 г., менее чем через год после начала пандемии, Великобритания стала первой страной, приступившей к массовой вакцинации с помощью прошедшей все испытания, разрешенной к клиническому использованию вакцины. Вскоре за ней последовали и другие государства. Это был огромный прорыв в борьбе с вирусом.

К сожалению, при этом обнажилась новая угроза для мирового сообщества — еще один аспект кризиса, который показался мне крайне удручающим: шумное меньшинство отказывалось от вакцинации. Некоторых беспокоили возможные побочные эффекты, включая редкие случаи смертельного тромбоза и снижения уровня тромбоцитов. Кто-то верил в безумные теории заговора. А многие видели пользу от вакцинации, но при этом считали, что если вокруг них прививку сделают достаточно людей, то они будут защищены коллективным иммунитетом и, следовательно, им можно без нее обойтись.

К сожалению, чем больше людей возлагает надежды на коллективный иммунитет, вместо того чтобы привиться самим, тем более неоправданной становится эта надежда. Для достижения коллективного иммунитета необходимо вакцинировать от 70 до 90% населения. С ростом в обществе числа невакцинированных коллективный иммунитет утрачивается, а риск заражения заболеванием, предотвращаемым с помощью этой вакцины, возрастает и среди привитых. Уже есть доказательства, что дети, отказывающиеся от вакцинации против кори и коклюша, точнее их родители, действующие от их лица, подвергают повышенному риску не только себя, но и тех детей, которые слишком малы для вакцинации или имеют медицинские противопоказания. В результате потери коллективного иммунитета дополнительному риску подвергаются все. Решения, основанные на частных предпочтениях, влияют на всех.

Таким образом, противники вакцинации повышают риски не только для себя, но и для всего общества. Экономисты называют это трагедией общин — она состоит в склонности отдельных людей, имеющих доступ к общему ресурсу, действовать в своих, а не в общественных интересах, потребляя больше причитающейся им по справедливости доли, что со временем приводит к ухудшению ситуации для всех.

Выражение «трагедия общин» восходит к проблеме, которую впервые сформулировал в 1833 г. английский экономист Уильям Форстер Ллойд. Он писал об общинной земле, на которой все жители одной деревни могли выпасать свой скот. Трава, конечно, со временем вырастает заново, но не в том случае, когда коровы подъедают ее слишком быстро. Несложно понять, что если одновременно выпустить на пастбище слишком много скота, то оно истощится, животные будут голодать, а их владельцы потеряют средства к существованию.

Если взглянуть на проблему беспристрастно, становится ясно, что для того, чтобы травы хватало на всех, жителям деревни нужно действовать сообща, ограничивая количество пасущихся животных. Однако на практике каждый принимает решение выпасать как можно больше голов. С точки зрения отдельного крестьянина, это решение совершенно рационально. В совокупности же оно оказывается катастрофическим.

В научных терминах эту проблему сформулировал эколог Гарретт Хардин в 1968 г. Каждый крестьянин стремится максимизировать свою выгоду от выпаса собственного скота. Сознательно или бессознательно — последнее более вероятно — он задается вопросом: «Какова полезность того, что я выпущу пастись на одно животное больше?»

У этой полезности есть положительная и отрицательная составляющая. Назовем их +1 и –1.

Положительная сторона в том, что у владельца появляется еще одно упитанное и, следовательно, пригодное для коммерческого использования животное. Он может продать его и получить деньги, не делясь ни с кем другим. Это вполне себе цельная +1.

Минус в том, что появление этого животного на общинном пастбище может привести к ситуации чрезмерного выпаса. Однако –1, получаемая в результате, будет разделена поровну между всеми жителями деревни. Таким образом, личные потери каждого крестьянина составляют лишь некую долю от –1, поэтому, с его точки зрения, вполне разумно добавить к стаду еще одно животное. А поскольку для любого отдельно взятого животного полезность вычисляется аналогичным образом, коров на пастбище становится все больше.

К сожалению, каждый житель деревни, использующий для выпаса общинную землю, будет производить аналогичные прикидки. При такой логике ничто не разубедит его увеличивать свое стадо до бесконечности, даже если пространство, в пределах которого это стадо пасется, ограничено. Единственный способ предотвратить это — вмешательство извне, то есть законодательные ограничения на то, что раньше было нерегулируемой свободой.

Общим ресурсом может быть что-то простое и очевидное, вроде пастбища или любого природного ресурса. Или что-то неосязаемое, например социальное обеспечение или атмосфера доброй воли в обществе. В случае с COVID-19 таким ресурсом было здоровье населения. Его истощение означало потерю не только коллективного иммунитета, но и того общественного блага, которое возникает, когда граждане чувствуют, что их здоровье защищено.

Тот факт, что случаи заболеваний образуют кластеры, объясняется не только тем, что вирусы легче распространяются при тесном контакте. Он показывает, что, обдумывая свои действия, мы должны учитывать их влияние на общество. Правда состоит в том, что некоторые люди — просто плохие соседи. Даже если вакцинация в конечном итоге принесет пользу всем, нам куда как просто действовать исключительно в своих краткосрочных интересах. Именно такова основа и значительной части случаев отказа от вакцинации, и замусоривания городов, и чрезмерного вылова рыбы, и промышленных загрязнений, и многих других антиобщественных действий.

Тем не менее, помимо людей, поступающих эгоистично, есть и те, кто действует бескорыстно, часто из чисто моральных — если использовать это, возможно, старомодное слово — побуждений. И вот вопрос: можно ли с помощью физики предсказать, способно ли такое моральное поведение когда-либо широко распространиться в обществе? И что мы можем сделать, чтобы обуздать эгоизм?

Как мы уже видели в предыдущих главах, попытки понять и предсказать поведение миллионов членов общества — дело невероятно сложное. Но у физиков есть одна старая шутка, которая позволяет взглянуть на эту задачу по-новому. Речь в ней идет о крестьянине, у которого коровы давали мало молока. Как он ни старался, надои не росли. Проходили месяцы, и никто не мог ему помочь. В отчаянии он рассказал о своей беде физику-теоретику. Тот согласился подумать над проблемой и через неделю заявил, что нашел блестящее решение. Физик пригласил крестьянина в свою лабораторию, нарисовал мелом на доске большой круг и объявил: «Сначала предположим, что корова имеет форму шара…»

Шутки физикам не всегда удаются, но эта вышла смешной (по крайней мере, для меня), потому что в ней есть доля правды. Физики берут сложный реальный мир и пытаются его упростить. Конечно, коровы не имеют форму шара, однако если бы мы попытались рассчитать, скажем, гравитационные силы, действующие между Землей и коровой, это допущение имело бы смысл. Когда физики разрабатывают физические модели, они игнорируют переменные, фактически не влияющие на задачу, и сосредоточиваются только на том, что имеет значение. Гравитационное притяжение шарообразной коровы было бы точно таким же, как и коровы с обычной формой тела и нормальным числом голов, ног, хвостов, рогов и сосков на вымени. Однако учет всех этих параметров чересчур усложняет расчеты. Поэтому ученые упрощают задачу и предполагают, что коровы имеют форму шара. Таким образом они могут проверить, насколько верно они понимают соответствующие физические процессы. В случае с обществом мы можем делать аналогичные упрощения.

Общество состоит из миллионов людей, которые, как кажется издалека, движутся огромной массой, почти как единый организм. Но на самом деле каждый человек — это личность, чьи решения и действия — сортирует ли он мусор, на каком автомобиле ездит, делает ли прививки — влияют на людей, которых он ежедневно видит вокруг себя, так же как те влияют на него.

Тот же сценарий разыгрывается и в мире физики. Представьте себе стол с миллионами фрагментов металлической стружки, к которому поднесли магнит. Издалека стружка выглядит как единый объект, как облако, движущееся и закручивающееся под воздействием меняющихся электромагнитных сил. Но при более внимательном рассмотрении оказывается, что точнее всего описать движение каждого отдельного фрагмента можно, основываясь на поведении ближайших к нему фрагментов, а не всей массы стружки. Это называется «методом ближайших соседей».

Далее предположим, что каждый человек — это сфера. Разложим эти сферы на гигантской решетке, представляющей общество. Теперь допустим, что у каждой из этих сфер есть выбор: сотрудничать (делать прививки, сортировать мусор, не скупать туалетную бумагу впрок и т. д.) или нет. Предположим также, что отказ от сотрудничества влечет за собой штраф или какое-то другое нежелательное, но несмертельное для человека последствие. И наконец, что каждая сфера взаимодействует только со своими ближайшими соседями, аналогично тому, как на всех нас сильнее всего влияют те, кто к нам ближе всего — наши родственники, друзья и соседи. При верно подобранных условиях мы увидим, что в обществе может — и будет — распространяться поведение, основанное на принципах сотрудничества.

Сначала склонность к сотрудничеству или отказу от него распределяется по решетке случайным образом. Каждый человек прикидывает, сколько он может получить или потерять относительно ближайших соседей в результате тех или иных своих действий. Исходя из успехов соседей, каждый изменяет свою стратегию. По сути, люди начинают копировать тех, кто справляется лучше, и по решетке прокатываются волны подражательного поведения.

В применении к несферическим людям это выглядит так: каждый из нас подвергается воздействию сил, которые сродни физическим, даже если на самом деле таковыми не являются. Например, идущий по коридору человек прежде всего мотивирован степенью своей решимости двигаться в определенном направлении. На это может накладываться сила притяжения к месту назначения; например, кафетерий в обеденный перерыв привлекает сотрудников со всего офиса. Затем, сознательно или бессознательно, человек подвержен отталкивающей силе, исходящей от стен; вместо какого-нибудь невидимого силового поля, это просто осознание того, что стены определяют, где проход, и что лучше идти параллельно, а не перпендикулярно им. А еще есть силы, исходящие от встречных. Большинству из нас проще обойти группу коллег, чем прорываться прямо сквозь нее, причем мы инстинктивно оставляем каждому из них небольшое личное пространство, что, по сути, является силой взаимного отталкивания. Каждая из этих сил влияет на то, какую траекторию в итоге выберет идущий; каждая из них поддается количественной оценке и измерению.

Эти теории подкрепляются наблюдениями. В толпе пешеходов, гуляющих в разные стороны по тротуару в час пик, начинают формироваться отдельные полосы движения, где все идут в одном направлении. Эти полосы могут даже пересекаться одна с другой таким образом, что пешеходам почти не приходится замедлять шаг.

Все это вроде бы интуитивно понятно, однако модель разложения на силы также приводит и к неочевидным результатам. Например, как лучше всего нарастить пропускную способность людного тротуара? Представьте себе площадь, заполненную людьми, которые пытаются идти в разных направлениях и натыкаются друг на друга. Специалисты по городскому планированию знают, что для оптимизации потока нужно сократить свободное пространство для ходьбы и создать препятствие. Меньше — значит больше. При сокращении пространства уменьшается количество независимых траекторий и возрастают шансы на взаимное сотрудничество между пешеходами, а препятствие, например колонна в центре перекрестка, увеличивает вероятность возникновения вокруг него некоего подобия кругового движения.

Итак, если кто-то уступает вам дорогу в переполненном коридоре, осознанное ли это моральное решение или лишь результат действия сил, о которых он едва ли имеет представление? Или нечто среднее? Какова бы ни была тут мотивация, внешним итогом становится вежливое, просоциальное поведение.

Если вернуться к тому, с чего мы начали, к пандемии COVID-19, что же там происходило на самом деле? Для простоты (вспомним шарообразных коров) давайте разделим людей на две группы: индивидуалисты и коллективисты. Индивидуалисты, как правило, заботятся о себе; это те, кто выпускает на общинное пастбище слишком много скота. Коллективисты чаще задумываются о том, как их действия влияют на других, и корректируют свое поведение соответствующим образом. Общество приобретает черты той группы, которая в нем преобладает.

В реальном мире индивидуалисты также чаще бывают одиночками по своей природе. Крайний стереотип тут — живущий в глуши выживальщик, запасающийся консервами и оружием на случай глобальной катастрофы. Коллективисты обычно более общительны и чаще действуют сообща.

В самом начале пандемии стало ясно, что вирус очень легко распространяется в местах массового скопления людей. Надежной защитой от него была изоляция: либо отдельных людей, либо небольших групп в виде семей. Поэтому интуиция подсказывала, что вирус будет быстрее распространяться в коллективистских обществах — тех, где социальные взаимодействия будут более тесными и частыми. Индивидуалистические общества тогда автоматически оказались бы более безопасными.

Однако выяснилось, что все совсем наоборот. Исследование 69 стран с общим населением 5,87 млрд человек (это около 75% населения Земли) показало, что чем более индивидуалистично общество и, следовательно, чем чаще жители страны игнорируют меры профилактики вроде вакцинации, тем больше там было случаев заражения вирусом и выше смертность от него.

Поэтому, судя по всему, лучший способ продвигать вакцинацию — пропагандировать коллективистское мышление. В каждой стране и культуре имеется свой собственный оптимальный подход к решению этой задачи, однако, рассматривая взаимодействие человека с его ближайшими соседями, с помощью физических методов можно подобрать правильную комбинацию стимулов для поощрения «неэгоистичного поведения».

* * *

Пандемия стала одним из факторов, способствовавших развитию моего собственного и мирового кризисов среднего возраста. Но она была далеко не единственным. В течение нескольких лет до этого значительная часть моей работы состояла в реагировании на различные потрясения: от стихийных бедствий вроде наводнений и ураганов до гуманитарных катастроф, таких как ситуация с сирийскими беженцами или конфликт на Украине. Во всех этих случаях последствия для людей и обществ могли носить катастрофический характер. Я часто размышлял о том, что, если бы существовал способ каким-то образом видеть будущее, предсказывать, где может разразиться следующий конфликт или где произойдет следующая катастрофа, потенциальная польза от него была бы огромной. Но делать такие прогнозы сложно.

Человеку свойственно прогнозировать будущее на основе линейных зависимостей. Футурологи смотрят на то, что происходит сейчас, и проводят прямые линии через точки, соответствующие текущим данным, не учитывая возможность неожиданных искривлений графика в будущем. Мы думаем: «Если так пойдет и дальше, то…» — и неизбежно делаем прогноз, который оказывается слишком упрощенным, потому что не принимает во внимание множество различных взаимодействующих сил, зачастую подпитывающих друг друга, — политических, экономических, социальных, географических и исторических. Конфликты, в частности, трудно предсказуемы по своей природе, поскольку они возникают именно в результате столкновения таких конкурирующих факторов.

Тем не менее заманчиво полагать, что, если только все эти силы поддаются количественной оценке, их можно будет учесть в точном прогнозе, а потом, возможно, и повлиять на них так, чтобы получить желаемый, а не «неизбежный» результат. Начиная с 1940-х гг. писатель-фантаст Айзек Азимов писал цикл романов «Основание» (Foundation), в центре которой находится вымышленная наука психоистория, позволяющая предсказывать взлет и падение целых цивилизаций. Проводя параллели с участью Римской империи, психоисторики Основания предсказывают неизбежный конец Галактической империи Золотого века и последующие 30 000 лет анархических Темных веков. Но они также понимают, как, используя психоисторию для отслеживания и корректировки исторических тенденций, Основание может сократить этот период до всего одного тысячелетия, чтобы затем из руин первой восстала Вторая империя и настал еще более золотой век.

Это отличный сюжет для фантастического романа, но, к сожалению, как я уже писал, детерминированного мира, в котором я мечтал жить ребенком, не существует. Наша Вселенная — это хаотичное местечко, где одновременно взаимодействует множество сил, что делает невозможными линейные прогнозы, и где даже крохотное изменение в один момент времени может привести к огромным различиям в дальнейшем. Любая неточность в исходной информации, используемой в расчетах, какой бы незначительной она ни была, может оказать гигантское влияние на предсказание будущих событий. Именно поэтому даже точные прогнозы погоды обычно ограничиваются несколькими днями. В общем, до предсказания взлета и падения цивилизаций нам еще очень далеко.

Однако, похоже, способ заглянуть в будущее все же есть. Вместо того чтобы пытаться выстроить цепочку причин и следствий, которая исчезает где-то в будущем, в дымке предстоящего хаоса, нужно оглянуться назад и заметить закономерности, характерные для прошлого. Закономерности имеют тенденцию повторяться, следовательно, проанализировав то, что происходило раньше, мы сможем предсказать то, что произойдет снова, избежав уже упомянутой в этой книге вероятности того, что мы влияем на результат, даже просто задавая соответствующий вопрос. Конкретные детали, наверное, так и будут от нас ускользать; возможно, мы никогда не сможем, подобно азимовским психоисторикам, точно описывать взлет и падение целых цивилизаций, но если ограничиться анализом прошлого, то все внезапно становится яснее.

Закономерности не всегда бросаются в глаза, но они существуют, погребенные в массе данных, которые генерирует любая цивилизация, документирующая свою историю. И никогда еще для сбора этих данных не было более благоприятного момента, чем нынешний. Все больше газет и архивов переводится в цифровой формат, так что работа, которая раньше занимала многие месяцы в пыльных библиотечных подвалах, теперь требует пары поисковых запросов в чистоте собственного дома.

Вейси Гуо, тогда доцент Инженерной школы Уорикского университета, и директор специальных проектов Института Алана Тьюринга сэр Алан Уилсон решили взяться за эту задачу и разработали модель GUARD (Global Urban Analytics for Resilient Defence — «Глобальная городская аналитика для обеспечения надежности обороны»). Эта модель опирается на принципы физики и предполагает, что война и мир — это два устойчивых состояния. Другими словами, когда система находится в равновесии в одном из них, для его изменения требуется много энергии, а когда нет, то она естественным образом стремится быстро вернуться в то или иное из них. Затем исследователи ознакомили искусственный интеллект, способный находить в данных невидимые для человеческого разума закономерности, с последними достижениями в области сложных сетей и теории пространственных взаимодействий. Наконец, они собрали массив данных о различных явлениях, так или иначе влияющих на конфликты: от географии и культуры до политических союзов и партнерств в области торговли вооружениями — и тоже загрузили их в память искусственного интеллекта.

Эта модель демонстрирует поразительную прогностическую способность. На данных недавней истории она с точностью от 82 до 94% предсказала на 12 месяцев вперед, где в мирных районах вспыхнет конфликт, а где в охваченных войной — снова наступит мир. Она также отлично описывает сочетания условий, которые увеличивают риск насилия.

Гораздо более долгосрочный прогноз, причем без использования искусственного интеллекта, был сделан еще в 2010 г., за десять лет до моей недельной поездки в Давос. Научный журнал *Nature* предложил нескольким известным экономистам, социологам и историкам поделиться предсказаниями на десятилетие вперед. Петр Турчин, уроженец России, а ныне профессор Коннектикутского университета, принял вызов. Он написал короткую, в 300 слов, статью, в которой предсказал, что в 2020 г. в США и по всему миру произойдут социальные волнения, каких не было с конца 1960-х гг.: города будут охвачены огнем, демократически избранные лидеры встанут на сторону насилия, число убийств возрастет.

Точность его предсказания поражает. В 2020 г. мир был охвачен вялотекущим недовольством. Где-то оно было вызвано действиями правительства. Где-то это были гражданские войны или восстания групп, которые хотели бы сами встать у руля. А иногда это было недовольство населения, которое просто решило, что с него хватит. В мае убийство афроамериканца Джорджа Флойда белым офицером полиции — на глазах у свидетелей, которые транслировали все происходящее на весь мир, — вызвало протесты в стране и за рубежом. В 2020 г. США вообще особенно будоражило. В стране готовились к беспрецедентно острым президентским выборам, которые в итоге привели к обвинениям в нарушениях и коррупции, а также к атаке толпы на центр Вашингтона в начале 2021 г.

Конечно, проверить прогноз Турчина можно было, только прожив 10 лет и посмотрев, каким станет мир. Сделав это, мы едва ли можем оспаривать точность его предсказаний. События, развернувшиеся после моего визита в Давос, безусловно, подтверждают его правоту, как в США, так и в глобальном масштабе. Турчин не мог предвидеть пандемию, но он бы первым сказал, что тот год был не самым удачным для ее возникновения.

Турчин — один из основателей направления, которое, возможно, ближе всего к психоистории Азимова. Ученый назвал его клиодинамикой — в честь древнегреческой музы истории Клио, и история рассматривается там как естественная наука. Турчин тоже берет за основу оцифрованные данные, а затем вычисляет из них 40 социальных показателей для всей задокументированной истории человечества — тут и экономическое неравенство, и рост населения, и политическая нестабильность, и уровень насилия, и социальная мобильность, и характеристики общественного здоровья, и многое другое. После этого, по его словам, остается только провести статистический анализ. Расчеты тут не сложные — для них используется самое обычное программное обеспечение.

На основе статистических закономерностей, выявленных в одном наборе данных, Турчин и его коллеги строят математическую модель*. Именно в этот момент они, можно сказать, и «делают прогноз». Затем они проверяют эту модель на других наборах исторических данных, чтобы убедиться в ее достоверности. По сути, они спрашивают: «Раз эта модель сработала *на том периоде*, сработает ли она *на этом*? А как насчет *того*?» В результате они получают возможность сформулировать разумный прогноз по поводу того, что еще только *будет* происходить.

На написание статьи в *Nature* Турчина вдохновила обнаруженная им закономерность нарастания социальной нестабильности, которая наблюдалась в любой цивилизации, о которой нам известно достаточно много. Это и Римская империя, и императорский Китай, и средневековая Европа… и США — федеративная демократическая республика, которой всего 250 лет от роду. По сути, ученый обнаружил столетние волны нестабильности, которые он назвал «секулярными циклами», причем на каждую волну накладывался 50-летний цикл насилия. С помощью модели Турчина можно взять любой год и примерно указать, к какой стадии очередного цикла он относится.

Секулярные циклы протекают по определенной схеме. Сначала численность населения возрастает настолько, что оно больше не может быть продуктивным. Таким образом, появляется непропорционально большое младшее поколение, падает заработная плата тех, кто должен о нем заботиться, и увеличивается дефицит государственного бюджета. Но это лишь фон нестабильности, но не обязательно ее причина. Население может долгое время оставаться бедным, и это не приведет к насилию. Переломным

* 'Peter Turchin: The Magnetism of Mathematical History', Enza Jonas-Giugni, *The Science Survey*, 11 January 2021. https://thesciencesurvey.com/spotlight/2021/01/11/peter-turchinthe-magnetism-of-mathematical-history/

фактором является то, что Турчин называет «перепроизводством элиты». Элитный класс растет вместе со всеми остальными либо старомодным способом, через размножение, либо потому, что новые возможности открывают новые пути в элиту. Например, университетское образование становится доступным для молодого поколения, представители которого раньше сразу бы пошли работать руками, или благодаря экономическим возможностям появляется новый средний класс состоятельных людей. Однако количество элитных позиций, например государственных должностей, остается неизменным. Таким образом, члены растущего класса конкурируют за ограниченное число позиций, и именно это дестабилизирует государство.

Эта историческая закономерность впервые проявляется в аграрных обществах и прослеживается вплоть до индустриальной эпохи, что говорит о том, что тип общества тут несущественен. Например, избыточный рост населения уже не приводит к массовому голоду, как это было в аграрных обществах; вместо этого он означает появление слишком большого числа претендентов на слишком малое количество рабочих мест, что приводит к безработице, а значит, к нестабильности иного рода.

Что касается 50-летних циклов насилия, то они соответствуют выбросам сдерживаемого давления, действуя в обществе как своеобразный редукционный клапан. Социальное неравенство накапливается десятилетиями, и вот наступает момент, когда что-то должно произойти. Выброс может случиться посредством реформ, революции или и того и другого. На некоторое время после этого воцаряется покой. Затем либо эти нововведения постепенно отменяются, либо общество находит новые способы быть неравным, и процесс начинается снова. Непреложного правила, согласно которому секулярный цикл должен длиться 100 лет, а цикл насилия — 50, нет. Это просто те закономерности, которые плюс-минус видны в имеющихся у нас данных.

Все это — вопрос обратной связи между системами; здесь мы вновь возвращаемся к физике и снова вспоминаем про редукционный клапан. В качестве примера Турчин указывает на другую закономерность: цикличность подъема и спада численности популяций хищных и кормовых животных в природе. Рост числа мышей означает бóльшую доступность пищи для ласок, поэтому их тоже будет становиться все больше. Затем ласок окажется так много, что они съедят почти всех мышей, после чего популяция ласок погибнет от голода, что приведет к мышиному буму, поскольку эта популяция отреагирует на отсутствие хищников, и так далее по кругу. Ласкам не помешало бы задуматься о трагедии общин.

Важен также и контекст. В XVIII в. неравенство во Франции привело к Великой французской революции, а неравенство в Великобритании в тот же период — к радикальным реформам. Отчасти это произошло потому, что ситуация в двух странах не была идентичной, отчасти — потому, что пример одной страны послужил предостережением для другой, а отчасти — из-за различий в образе правления и способах реагирования на кризисы. От волнений никто не застрахован, но более просвещенная политика и более оперативное устранение причин недовольства позволяют сбросить давление и предотвратить революцию. Как мы уже говорили, прогнозы не могут быть слишком конкретными. Турчин предсказывает не определенное событие, а скорее его тип.

Печально тут то, что этим типом события обычно оказывается насильственный исход.

Как все это позволило Турчину сделать для США столь точные прогнозы на ближайшие 10 лет? По сути, он заметил образцовую триаду, которая приводила к беспорядкам во всех других рассмотренных им ситуациях: правящий класс растет быстрее, чем количество вакансий для его членов, уровень жизни населения снижается, а правительство не может выполнять свои финансовые обязательства. Заработная плата в США падала, поскольку число претендентов превышало число свободных рабочих мест; средняя заработная плата не менялась с 1970-х гг., даже несмотря на рост ВВП. Элита становилась все многочисленнее и богаче: количество дипломированных врачей и юристов в расчете на душу населения выросло с 1970 по 2010 г. почти в три раза. Наконец, государственный долг рос. В результате росло неравенство и обострялась напряженность. Всем этим процессам Турчин мог легко найти аналоги во многих других обществах начиная с изобретения письменности.

Рассматривая историю как естественную науку и подмечая закономерности прошлого, Петр Турчин сумел предсказать будущее. Почему это важно? Его модель клиодинамики дает государственным лидерам указания, как минимизировать риск гражданских беспорядков в будущем за счет осознания изменений, которые обычно приводят к нестабильности. Хотя демографические сдвиги, такие как перепроизводство элиты и снижение уровня жизни, играют значительную роль в возникновении нестабильности, действия властей могут отягощать или смягчать влияние этих базовых факторов. Поэтому, распознавая подобные закономерности на ранней стадии, правительства получают возможность проводить политику, направленную на устранение глубинных причин нестабильности, что теоретически позволяет разорвать порочный круг насилия и предотвратить будущие потрясения.

* * *

Мы начали с кризиса среднего возраста и в итоге ушли от него очень далеко. Но, возможно, нитью, связующей все обсуждаемые в этой главе сценарии, включая мои собственные проблемы на половине жизненного пути, является наша бессознательная реакция на силы, которые определяют очертания нашего общества. Некоторые из этих сил могут быть невидимыми и трудно поддающимися количественной оценке — как, например, социальные нормы, культурные ценности и психологические факторы. Однако, независимо от того являетесь ли вы коллективистом или индивидуалистом, их влияние можно оценить по аналогии с физическими силами, такими как гравитация или магнетизм. Например, давление окружения, влияние средств массовой информации или обаяние харизматичных лидеров — все это мощные, но зачастую неосознаваемые силы, за счет которых формируются тенденции в обществе и поведение отдельных его членов.

Теория Турчина предполагает, что общества, как и отдельные люди, имеют характерный жизненный цикл. Подобно тому, как человек переживает кризис среднего возраста, общества переживают периоды интенсивных потрясений и преобразований, которые можно рассматривать как своего рода кризис среднего возраста в рамках секулярных циклов. Осознание этих закономерностей может помочь распознавать и преодолевать такие трудные моменты как в личной жизни, так и в жизни общества.

В течение нескольких месяцев, последовавших за моим визитом в Давос, я прокручивал в памяти многие примеры из физики, о которых говорилось в предыдущих главах. Как мы уже знаем, принцип неопределенности предполагает, что наша способность одновременно точно знать положение и скорость частицы по природе своей ограничена. Возможно, во время кризиса среднего возраста полезно принять такую неопределенность. Вы не знаете, куда движетесь, и в большинстве случаев даже не представляете, на каком этапе сейчас находитесь, но развитие личности — это естественный процесс, а не иметь ответов на все вопросы — нормально.

Еще одно понятие, о котором мы узнали, — энтропия. Во время личного кризиса человек испытывает похожее ощущение беспорядка. Однако как рост энтропии приводит к равновесию в замкнутой системе, так и принятие беспорядка может стать предвестником личностного роста и перехода на новый жизненный этап. Теория относительности гласит, что восприятие времени и пространства зависит от системы координат наблюдателя. Поэтому, если посмотреть с иной стороны на то, что с прежнего ракурса могло казаться катастрофой, вы можете увидеть возможность для развития.

Вспоминая, как тяжело мне дались последовавшие за посещением Давоса годы, я вижу, что эти принципы имеют не только теоретический, но и глубоко практический смысл. Пандемия и сопутствовавшие ей социальные потрясения стали для нашего общества чем-то вроде коллективного кризиса среднего возраста, заставив всех нас столкнуться с неопределенностью, адаптироваться к новым нормам и переоценить свои приоритеты. Именно этот период сомнений, возможно, вдохновил меня на написание книги, которую вы держите в руках. Я надеюсь, что подобно тому, как рост энтропии приводит к новому равновесию, неупорядоченность последних нескольких лет, возможно, заложила основу для периода сбалансированности и вдумчивости, который наступит в ближайшем будущем.

Глава 8

Жизнь, Вселенная и все остальное

Прошло уже более трех десятилетий с тех пор, как родители купили мне книгу «Путеводитель вольного путешественника по Галактике». С нее началось мое увлечение физикой — предметом, спасавшим меня, как я тогда думал, от испытываемого мною замешательства, показывая мне упорядоченный мир, наполненный смыслом. По крайней мере, так мне казалось. Но тридцатью годами позднее, если я что-то и понял, так это то, что я ошибался.

Идеи, изложенные в этой книге, показывают, что мир, в котором мы живем, совсем не детерминирован. Мы узнали, что предсказать траектории движения всего трех тел в пространстве практически невозможно, потому что мельчайшие изменения в их начальном положении могут очень сильно сказаться на том, где они окажутся в итоге. Мы узнали, что — невероятно, но факт — субатомные объекты могут быть как волнами, так и частицами, а гипотетический кот в коробке, оказывается, и жив и мертв одновременно. Мы узнали, что даже в космическом вакууме, казалось бы, из ниоткуда, могут возникать крошечные флуктуации, которые спустя миллиарды лет приводят к образованию звезд, галактик и в конечном итоге жизни. Мы узнали, что ньютоновская механика не может описывать такие явления, как тепло, энергия или жидкость, и что для этого требуется подход, основанный не на точности, а скорее на вероятности. Мы узнали, как системы могут в мгновение ока превращаться из устойчивых в неустойчивые.

Раньше я думал, что поведение людей беспорядочно, а физика — методична. Но чем больше я узнаю о физической вселенной, тем больше понимаю, что это ложное противопоставление. Физическая вселенная, как бы прекрасна и удивительна она ни была, так же беспорядочна, хаотична и неопределенна, как и реальный мир людей и их обществ. И именно этот факт делает достижения физиков на протяжении веков еще более поразительными. Чтобы понять устройство физической вселенной, физикам пришлось разработать совершенно новые способы мышления: от квантовой механики, космологии и электромагнетизма до термодинамики, теории сложных систем и многого другого — всего того, что позволяет объяснять странные и удивительные явления, ими наблюдаемые.

И здесь кроется, возможно, самая важная идея этой книги. За последние 300 лет первопроходцы физики создали настолько изобильные, мощные, проработанные модели, что теперь у нас появилась возможность объяснять ими не только физический мир, но и некоторые аспекты мира социального. Так, например, хотя это, возможно, и не входило в их планы, отцы квантовой механики разработали модели, с помощью которых можно объяснить не только неуловимое поведение электронов и протонов, но и происходящее в бесчисленных иных ситуациях, где имеет место неопределенность, включая принятие нами с вами нерациональных решений. Возможно, именно поэтому уроки и идеи физики помогали мне за последние 30 лет в самых разных обстоятельствах. И именно поэтому те же самые уроки, которые помогали мне лично, теперь самыми неожиданными способами идут на пользу всему обществу, позволяя нам глубже понимать и решать проблемы реального мира.

Конечно, физика не может дать ответы на все вопросы. В этой книге собраны изящные идеи, благодаря которым можно попробовать разобраться *практически* во всем. Затронутые проблемы — от нашей ненасытной страсти к ископаемому топливу до как будто неудержимого роста экономического неравенства, бросаемых из стороны в сторону итогов выборов и социальной напряженности — представляют собой серьезные угрозы для нашего общества, политики и человечности. Однако это далеко не исчерпывающий список всех стоящих перед нами угроз. В Докладе о глобальных рисках Всемирного экономического форума, о котором я упоминал во введении, ежегодно перечисляются десятки подобных проблем. Безусловно, в этой книге упомянуты важнейшие из них, но точно далеко не все.

Схожим образом, хотя я и постарался показать широкую панораму физических тем, этот обзор также не является исчерпывающим и не охватывает физику будущего. Каждый год приносит новые открытия. На переднем крае науки есть области, в которых ученые пока не нашли однозначных ответов, но которые в ближайшие 30 лет могут стать ключевыми для нашего понимания мира.

Скажем, концепция мультивселенной хорошо известна нам по научной фантастике. Однако вопреки тому, как ее иногда изображают, мультивселенная — это не представление о бескрайнем диапазоне возможностей. В ней не будет вселенной, в которой во Второй мировой войне победили не те, кто победил в нашей. Скорее это концепция ограниченного спектра миров, содержащих не только все сущее на данный момент, но и все возможные состояния бытия, которые не обнуляются сразу как внутренне противоречивые. Наш нынешний уровень знаний не позволяет проверить эту идею. Но если она подтвердится, концепция мультивселенной может изменить наше понимание общественной динамики. Только представьте, как знание о существовании взаимосвязанных вселенных повлияет на процесс принятия решений. Идея, что каждый возможный вариант — например, боремся ли мы с глобальным потеплением, или с неравенством, или с социальной нестабильностью — реализуется в отдельной вселенной, может привести к более внимательному и непредвзятому отношению к политическим решениям, подтолкнув общества к изучению более широкого спектра мер из-за осознания того, что разный выбор ведет к разным результатам в рамках мультивселенной. Возможно, это даже изменит наши представления о том, что такое хорошо и что такое плохо, как и том, что составляет «достойно прожитую жизнь».

Или, например, возьмем Большой взрыв. Как мы знаем, после этого единственного в своем роде события, произошедшего 13,8 млрд лет назад, Вселенная продолжает расширяться. Вот только скорость этого расширения ниже, чем должна быть. Учитывая фиксируемое нами количество материи, одной только гравитацией наблюдаемую скорость расширения Вселенной объяснить не получается. Приходится предположить, что существует еще и темная материя — материя, которая обладает гравитационными свойствами, но не взаимодействует со светом. Темная материя — это не просто обычная материя, которую не видно. Это совсем другой тип материи, на который может приходиться основная часть массы Вселенной. Если бы ее можно было каким-то образом задействовать, ее свойства могли бы произвести переворот в нашем понимании энергии, да и вообще большей части физических процессов, о которых идет речь в этой книге.

А почему Вселенная все-таки расширяется, если естественным следствием гравитации как темной, так и обычной материи должно быть ее сжатие? Это происходит не просто за счет импульса от первоначальной мощи Большого взрыва. Физики полагают, что расширение Вселенной может быть вызвано так называемой темной энергией — отталкивающей силой, которая способствует ускоряющемуся расширению Вселенной, подобно тому как одноименные полюса магнитов отталкиваются друг от друга. Несколько раз в этой книге я показывал, как размышления о физических силах могут помочь понять невидимые общественные силы. Темная энергия может стать еще одним таким примером — силой, которую можно метафорически уподобить социальной динамике, что позволит объяснить и наше взаимное отталкивание, и стремление к сплоченности. Поняв особенности темной энергии общественных изменений, мы получим шанс разработать стратегии, способствующие сотрудничеству, инновациям и глобальному прогрессу.

Устройство космоса нам объясняют специальная и общая теории относительности Эйнштейна. Они прекрасно работают на огромных масштабах, но бесполезны, когда все становится очень маленьким. Наоборот, квантовая физика прекрасно описывает процессы на субатомном уровне, но перестает работать на больших масштабах. Физики, естественно, не могут это так оставить, что привело к появлению новой области квантовой гравитации, которая пытается объяснить макроскопическую гравитационную физику в терминах микроскопических квантовых явлений. Соединив эти две сферы, ученые смогут задействовать возможности квантовой физики для решения крупномасштабных задач, что потенциально произвело бы революцию в области обработки и передачи информации с помощью квантовых компьютеров. Мы уже видели, как благодаря традиционной физике можно разбираться в механике сложных социальных систем и в результате получать более удачные и эффективные модели управления. Но благодаря более глубокому пониманию самого устройства пространства-времени на квантовом уровне мы можем проникнуть гораздо глубже, в самую суть того, как устроен мир и как в нем взаимодействуют люди.

Квантовая физика может даже пролить свет на природу самого сознания. Эту теорию разработали физик Роджер Пенроуз и анестезиолог Стюарт Хамерофф. Мы знаем, что наш мозг состоит из нейронов и их суммарная активность, как считается, порождает сознание. Мы также знаем, что в нейронах есть микротрубочки, которые транспортируют вещества в разные части клетки. Пенроуз и Хамерофф предположили, что эти микротрубочки имеют фрактальную структуру. Фракталы — это те самые прекрасные, вложенные один в другой природные узоры, которые бесконечно повторяются на разных масштабах: они встречаются везде, от соцветий цветной капусты до бронхов в нашей груди. Фракталы не являются ни двух-, ни трехмерными, а характеризуются некой дробной промежуточной размерностью (утверждение, очень типичное для квантовой механики); их отличает то, что они имеют конечную площадь внутри бесконечного периметра.

За счет фрактальной структуры микротрубочек, утверждали Пенроуз и Хамерофф, при перемещении по ним крошечных частиц внутри нейронов будут запускаться квантовые процессы. Хотя первоначально теория Пенроуза и Хамероффа была встречена скептически, передовые физические представления заставляют вновь вспомнить их идеи. Тщательно выстроив электроны во фрактальный узор и введя в него фотоны — частицы света, когда свет существует не как волна, — бразильский физик-теоретик Кристин де Мораис Смит и китайский квантовый физик Цзинь Сяньминь посмотрели, что будет. Выяснилось, что распространение света по квантовому фракталу действительно подчиняется квантовым, а не классическим законам. Таким же образом можно было бы описать, как частицы движутся в нейронах нашего мозга. Если мышление основано на квантовых принципах, в нейробиологии можно ожидать революционных перемен, раскрывающих саму природу сознания.

Все эти теории пока носят умозрительный характер, но они сулят интригующие возможности в будущем. Физика продолжает раскрывать заветные тайны Вселенной, а я надеюсь, что она сможет предложить и новые способы осмысления мировых проблем. Более широкий охват мышления подразумевает и более широкий диапазон возможных решений.

Пьер-Симон Лаплас считал, что если бы кто-то мог иметь абсолютно точные знания о том, что происходит во Вселенной в некий момент времени, то теоретически он мог бы просто перевести стрелки часов вперед и получить идеальное представление о будущем. Для такого ума «не осталось бы ничего, что было бы для него недостоверно, и будущее, так же как и прошедшее, предстало бы перед его взором»*. К сожалению, а может быть и к счастью, мир вокруг нас не настолько прямолинеен, поэтому идеи Лапласа могут так и остаться несбыточной мечтой. Но то, что физики не оставляют подобных попыток, лишь подтверждает, что я не зря все еще люблю эту науку.

В конечном счете идеи, изложенные в этой книге, послужили мне проводником на всем моем пути от стеснительного школьника и неискушенного выпускника университета к тому, кем я являюсь сейчас. Я так и не нашел обещанного Дугласом Адамсом «ответа на Главный Вопрос Жизни, Вселенной и Вообще», но по дороге физика научила меня прежде всего не отмахиваться от вопросов. Как однажды сказал другой великий писатель-фантаст, Терри Пратчетт, каждое открытие раздвигает «границы невежества»**. И я научился наслаждаться тем, что он называет «ощущением странного тепла, вызванным мыслью, что они [ученые] гораздо более невежественны, чем обыкновенные смертные». Надеюсь, моему примеру последуете и вы.

* Перевод под редакцией А. К. Власова. — *Прим. пер.*

** Здесь и далее перевод И. Кравцовой, Л. Вольфсона. — *Прим. пер.*

Благодарности

Появление этой книги было бы невозможным без моих школьных и университетских преподавателей, которые поддерживали и укрепляли мою страсть к физике: Питера Саммута, Дэвида Эндрюса и Тодда Хаффмана. Также я многим обязан физикам и ученым, о которых идет речь в книге и которые нашли время пообщаться со мной, — это Роберт Эйрс, Адриан Бежан, Питер Бруза, Джеймс Берридж, Тед Льюис и Алекс Зигенфельд. Я очень благодарен своим друзьям, родственникам и коллегам, которые читали черновики книги на разных этапах и давали бесценные отзывы, — это Хелен Бах, Стивен Баттерсби, Патрик Бакстер, Аиша Бхармал, Бен Картер, Джинни Картер, Джеки Картер, Йонка Дервишоглу, Марк Эдвардс, Чарльз Эммерсон, Хэмиш Фрейзер, Том Холл, Ли Хантер, Бен Джипс, Эрлинг Кагге, Стюарт Маклафлин, Патрик Томас, Родди Ванн, Эд Уоллес, Анна Уишарт и Тревор Уишарт. И конечно же, огромная благодарность моему замечательному агенту Питеру Таллаку и талантливому редактору Саре Брейбрук за их наставления, поддержку и бесконечное терпение.

Об авторе

Захан Бхармал изучал физику в Оксфордском университете. В начале своей карьеры он работал советником и спичрайтером в британском правительстве и Всемирном банке. В настоящее время Захан работает в компании Google в Лондоне и Кремниевой долине и занимает позицию старшего директора по стратегии.

В свободное от работы время Захан пишет о науке в газете *The Guardian*. За достижения в области популяризации науки он получил медаль NASA «За выдающиеся заслуги перед обществом». Захан Бхармал — член попечительского совета Национального общества аутистов.

Он живет в Йоркшире с женой и двумя маленькими сыновьями.

Издание подготовлено в партнерстве
с Фондом некоммерческих инициатив «Траектория»
(при финансовой поддержке Н.В. Каторжнова).

ТРАЕКТОРИЯ

Фонд поддержки научных, образовательных и культурных инициатив «Траектория» (www.traektoriafdn.ru) создан в 2015 году. Программы фонда направлены на стимулирование интереса к науке и научным исследованиям, реализацию образовательных программ, повышение интеллектуального уровня и творческого потенциала молодежи, повышение конкурентоспособности отечественных науки и образования, популяризацию науки и культуры, продвижение идей сохранения культурного наследия. Фонд организует образовательные и научно-популярные мероприятия по всей России, способствует созданию успешных практик взаимодействия внутри образовательного и научного сообщества.

В рамках издательского проекта Фонд «Траектория» поддерживает издание лучших образцов российской и зарубежной научно-популярной литературы.

www.traektoriafdn.ru

Бхармал Захан

Искусство физики

Как наука объясняет хаос, противоречия
и непредсказуемость нашей жизни

Издатель Павел Подкосов
Руководитель проекта Анна Тарасова
Арт-директор Юрий Буга
Дизайн обложки Алина Шевкопляс
Корректоры Ольга Смирнова, Лариса Татнинова
Верстка Андрей Фоминов

Издано под редакцией Альпина нон-фикшн

ISBN 978-5-00272-087-3 (твердая обложка)
ISBN 978-5-00272-086-6 (мягкая обложка)

ISBN 978-5-00272-085-9 (EPUB)

www.ingramcontent.com/pod-product-compliance
Lightning Source LLC
LaVergne TN
LVHW022026051126
851858LV00004B/60